BIM 先进译丛精读系列

BIM的关键力量之BIM经理

[澳] 霍尔泽（Dominik Holzer）◎著

刘思海　赵思雨　胡　林◎译

陈　光◎审校

建筑信息建模（BIM）往往被视为一种设计和施工软件，它不仅管理图形，而且管理信息——能够自动生成图样和报告、设计分析、进度模拟、设施管理和成本分析的信息，最终使任何建筑团队能够做出更明智的决策。BIM 允许一系列专业人员，如建筑师、工程师、施工经理、测量师、成本估算人员、项目经理和设施经理在建筑全生命周期内去共享信息。如今，BIM 因其在协作、通信、流程、成本节约和建筑全生命周期管理方面提供的高效率而在世界范围内得到认可。

随着 BIM 的广泛采用，BIM 经理已成为 AEC 行业急需的新一代专业人才。但 BIM 经理的角色常常被误解并进行错误定义。本书提供了对任何积极参与项目交付的 BIM 经理或工作人员所需开展活动的深度解析。

本书展示了 BIM 管理的典型主题与核心环节。在第六章也是最后部分，BIM 被提升到一个更高的级别，讲述了成为一名真正优秀的 BIM 经理所需的内容；强调了在与其他人之间信息交流的高效沟通上，BIM 经理需要哪些沟通技巧和技能；展示并证明了 BIM 经理在尖端的 BIM 研究以及全球化发展中如何配合企业的活动，勾画出在组织的内外如何促进企业 BIM 的卓越性发展。

北京市版权局著作权合同登记　图字：01-2016-7265。

图书在版编目（CIP）数据

BIM 的关键力量之 BIM 经理 /（澳）霍尔泽（Dominik Holzer）著;刘思海，赵思雨，胡林译 .—北京：机械工业出版社，2021.12

（BIM 先进译丛精读系列）

书名原文：The BIM Manager's Handbook：Guidance for Professionals in Architecture，Engineering，and Construction 1st Edition

ISBN 978-7-111-70143-9

Ⅰ. ① B…　Ⅱ. ①霍… ②刘… ③赵… ④胡…　Ⅲ. ①建筑设计－计算机辅助设计－应用软件　Ⅳ. ① TU201.4

中国版本图书馆 CIP 数据核字（2022）第 034514 号

机械工业出版社（北京市百万庄大街 22 号　邮政编码 100037）
策划编辑：张　晶　责任编辑：张　晶　范秋涛
责任校对：刘时光　封面设计：张　静
责任印制：李　昂
北京中科印刷有限公司印刷
2022 年 9 月第 1 版第 1 次印刷
185mm × 235mm · 13.5 印张 · 207 千字
标准书号：ISBN 978-7-111-70143-9
定价：89.00 元

电话服务　　　　　　　网络服务
客服电话：010-88361066　机　工　官　网：www.cmpbook.com
　　　　　010-88379833　机　工　官　博：weibo.com/cmp1952
　　　　　010-68326294　金　　书　　网：www.golden-book.com
封底无防伪标均为盗版　　机工教育服务网：www.cmpedu.com

序

Preface

第一次听说“BIM 经理”这个岗位，是一位在香港公司工作的朋友告诉我的，这个职位在香港是有官方认证的，据说自从 2017 年香港特别行政区政府发布文件，要求所有总预算超过 3000 万港币的工程项目的设计和建造必须采用 BIM 技术，持有这个认证的从业人员市场需求激增。

在香港，获得 BIM 经理认证的条件不算很低，需要有英国建造业协会（CIC）认可的一系列资格，比如香港建筑师学会、香港工程师学会，或者香港测量师学会的公司会员资格，或者是其他 CIC 认可的建筑、工程、测量、建造专业团队的认可或同等学历，需要有五年以上工作经验，至少两年的 BIM 实际经验，最终还需要通过严格的资格考试，才能拿到这个认可。

那么，香港的 BIM 经理，有哪些核心技能呢?

第一，在 BIM 实施的起步阶段，能够理解 BIM 概念的定义、范围、标准以及市场应用情况。

第二，能够解释 BIM 软件和建模过程，以及当前和未来的技术应用。

第三，能在没有监管的情况下，独立使用BIM软件，设计和管理BIM项目的整体流程。

第四，策划企业的数据资产管理、协作和整合，能够独立搭建通用数据环境（CDE），搭建数据质量控制系统。

第五，了解 BIM 相关的商业、财务与合同等事宜。

第六，能够在演讲、会议、报告等不同场合发挥有效的人际关系和沟通技巧。

那么，我们为什么要花时间了解这样一个岗位呢?

我认为，有两个理由，值得花时间研究它。

第一个理由：建立自己的职业规划。

所谓“不想当将军的兵不是好兵”，想当将军的第一步，就需要知道将军的工作内容是什么。

在我国内地，尤其是在年轻一代的工程师之中，大多数人心里并没有一张从事BIM工作的未来蓝图，该往什么方向去提升技能是很模糊的。

如果我们对照我国香港BIM经理的核心技能，你会发现大部分BIM工程师都只在第三条“独立使用BIM软件”这一点上不断挣扎，而对于设计和管理BIM项目的整体流程、策划企业的数据资产管理、搭建通用数据环境、BIM相关的合同事宜等方面，几乎闻所未闻，也从来没有在这些维度思考过BIM。

要知道，历来在任何一个行业里，都不可能有人只凭掌握某几个软件的使用技巧，就能谋得人生的跃迁，如果有人这样告诉你，他一定是在骗你。

我接触过很多从事BIM工作的朋友，平日里抱怨做BIM没有上升空间，而真的有公司在高薪寻找BIM高级人才的时候，又觉得对方的需求离自己的日常能力太远。

未来的我们身边，会不会也有“BIM经理”岗位呢？这不一定。因为我们毕竟不会沿袭英国的标准，国内也有自己独特的发展背景和项目需求。

但如果你问，未来市场里会不会有类似的高级人才需求呢？答案很肯定：不必等到未来，就在当下，在工程、IT、管理这三个领域跨界的人才，就已经是很多一线建设单位、大型设计院、咨询公司，甚至互联网公司求之不得的人才。

所以，我们的职业发展规划不一定是拿到某个具体的行业资格认证，而是明确自己在“懂点工程、也懂点软件”的起点，和那个“综合型跨界高级人才”的终点之间，还需要学习哪些方面的知识，锻造自己哪些技能，才能在机会到来的时候不慌张，在日常的枯燥工作中不迷茫。

第二个理由：了解新技术、新模式的发展规律。

BIM技术从诞生到今天，最多不过几十年的时间，即便放眼全球，也没有任何一个国家、任何一家企业、任何一个项目敢说，已经把BIM该怎么使用彻底理清楚了。

我们在一个发展的行业中，就需要用发展的视角去看问题。

《BIM的关键力量之BIM经理》这本书中也提到：我们目前还很难用简单的定义来描述什么是BIM经理，之前BIM经理主要负责监督BIM模型开发等任务，现在越来越多的是与信息管理、变革推进、流程规划和技术策略制定等工作相关联，任何关于BIM职位的描述都是在不断变化之中的。由于BIM设计的利益干系人范围越来越大，BIM经理的职责正在迅速从碎片化走向专业化。

如果说我们身在山中很难看到山的全貌，那不妨看看其他的山。

互联网行业迅速发展的几十年，一个新的职位横空出世，让无数怀揣梦想的年轻人走上了财务自由之路，它的名字叫产品经理。我们来看看这个职位的发展历史。

在互联网发展的早期，流量不大、功能不强、数据量也很小，产品经理的主要职能是和用户打交道，开发的产品也主要偏向前端，对产品经理的要求比较低，只要能把界面做好看、用户用着比较舒服，就比较有竞争力。

那个时代最优秀的产品经理，也不是某个机构认定的职业资格证明，像乔布斯、马化腾、周鸿祎这样的人，他们发挥出的作用，也是深度挖掘用户的需求，去定义自己的产品。

到了互联网发展的中期，各种产品的前端页面同质化越来越严重，整个市场也慢慢体系化，该定义的产品类型都定义得差不多了。并且不同的互联网产品也下沉到不同的行业，比如电商、教育、社交、出行等，这就要求产品经理对相关行业有深入理解。

同时，因为专业功能的分化，数据量也陡然增加，原来的前端工作已经不能满足产品发展了，产品经理还要去管理和协调后台的开发。

于是，懂业务、懂逻辑、懂数据，就成了行业高端产品经理的标配技能。

到了互联网发展的后半段，大型互联网公司后台越来越臃肿，前端的交互逻辑也越来越复杂，很多公司在 toC（面向个人用户）产品的红海之外，不断开拓 toB（面向企业用户）的业务，无论是产品本身还是产品的服务对象，都不是一个人能完全掌控的。

这时的产品经理已经不可能像互联网发展早期那样大开大合，靠创意和拼劲完成跃迁，而是成为一架成熟的机器上的一颗螺丝钉。每个产品经理只负责一小块具体的业务，主要职能也是在既有的框架下，带领产品团队完成效率成本优化、增长策略制定等工作。

你看，我们表面上是在看产品经理的发展史，实际上看到的是互联网技术和商业的发展史，看它从野蛮拓荒的时代，逐渐发展到成熟稳定的时代。

与之相比，BIM 的发展到哪个阶段了呢？

我们可以看到，在内地，还没有官方认证的 BIM 经理岗位，各家公司在招募高端人才的时候，给出的需求也比较宽松，大部分人在做的事也很类似于早期互联网产品经理的工作：界面做好看、用户用着比较舒服。

本书中了解到已经有很多企业在尝试清晰地定义 BIM 经理的工作边界，比如推动企业的技术变革，做出 BIM 软件和硬件的采购决策，建立 BIM 实施的基础架构，制定团队日常工作内容和 KPI（关键绩效指标），规划和管理企业数据资产库等。

通过 BIM 经理职能的发展区别，我们也能看到背后行业的进展，我国的 BIM 发展，类似互联网发展的早期到中期，正在从“拓荒阶段”向“专业下沉”阶段迈进。

这个迈进的阶段中，正在发生哪些技术模式、管理模式和商业模式的变革，哪些拓荒时代特有的草创模式会随着未来“螺丝钉”时代的来临而成为历史，又有哪些会积累下来，成为工程数字化普及时代必备的谋生技巧，都在本书里做出了尝试性的探讨。

在我们的新书《数据之城：被 BIM 改变的中国建筑》中有一篇文章：“行业大泡沫：BIM 碎成土壤，人才遍地开花”，我们在文章里提到：BIM，也许正向着“去 BIM 化”的方向发展，未来的人才发展也绝不仅仅是“设计 +BIM”这么简单。

人们站在传统行业的视角去看新行业，总是会有这样的疑问：建筑业就是那几种发展路线，做设计、做施工，或是做甲方，大家所争议的，也就是这几个职位哪个能更多地利用 BIM 来给自己加分。

但显然，建筑业的未来，不止有这几个发展方向。

正如互联网发展之前，也没有产品经理、前端经理、用户分析师等职业一样。新的公司、新的岗位，是在旧时代留下的土壤里长出来的，但在旧时代土壤覆盖时，却少有人能意识到废墟之后的勃勃生机。

传统行业留给人们的是越来越窄的门，希望你不要未经思考就关闭那些敞开的窗。BIM 经理不是唯一确定的方向，随着信息化和数字化的发展，这个古老的行业会诞生出很多我们从来没听说过的职位。

对于我们每个人来说，最重要的就是离开舒适区，学一些“看起来现在用不上”的东西，做一些别人不太愿意尝试的事。

至于下一步，只要保持这样的行动策略，就会有新的机会等着你。

孙 彬

建筑科技媒体 BIMBOX 创始人

Contents

目 录

引 言

为什么 BIM 经理很重要

BIM正在发生变化，而且变化很快。虽然在21世纪初，它仍然是建筑和工程公司技术专家的主要领域，但现在，它在建筑资产的设计、建造、制造和运营方面的广泛利益干系人中稳步地发挥作用。与BIM传播密切相关的是，传播与其应用相关的知识以及崭新的管理理念。BIM经理正变得更重要，而不是仅单纯地充当技术执行者。事实上，他们是变革的推动者，如果他们的工作做得很好，就会与他们的组织所追求的核心业务紧密相连。除此之外，BIM经理正在成为全球范围内改变建筑业和相关行业关键的创新者。

图0-1 英国谢菲尔德大学的Heart Space（由Bond Bryan建筑事务所提供）

本书旨在为那些试图接受BIM管理的人们提供简明的指导和支持。本书包含了BIM的最新趋势和发展。在形式上，本书结构具有内容集中的优点，读者可以根据需要查阅某个章节，以获得相关的信息和建议。

一、BIM经理：专注于头衔背后的人

本书通过采取特定立场，即BIM经理的观点，讲述BIM相关的工作体系。本书不仅提供了与BIM相关的当代研究和趋势的见解，而且还高度反思了在当代实践中与BIM经理开展的工作有关的机遇和挑战。来自美国、欧洲、亚洲、澳大利亚的50多位领先的建筑、工程和施工专家讲述了他们的BIM故事，发出了他们的声音。他们认为，“BIM经理”的职务名称无法通过一组统一的任务轻松识别。相反，BIM经理的角色在各个

部门和公司之间差别很大。显而易见的是，BIM经理的任务完全属于新兴的设计技术(Design Technology)领域，其任务涉及与建筑资产的规划、设计、交付和运营相关的大量工作。

本书分为六章，为目前参与BIM的人们以及正考虑在未来项目中应用BIM的人们提供了关键参考，同时强调实际应用以及与实施BIM相关的总体原则和战略规划。将本书与相关图书区分开来的一个因素是BIM与技术、社会、政策以及商业相关方面不断发生着交叉，BIM经理的角色也不断变化。BIM经理来自各行各业：技术专家、三维建模专家、建筑专家、绘图专家、协调专家……，名单还在继续增加。在目前的实践中，这些自称BIM经理中的大多数已经以某种方式成长为该角色，只有很小的一部分经历过特定的BIM管理培训。

考虑到BIM不断扩展的背景，人们可能很难找到BIM经理职责的明确定义。尽管回答这个问题的方向多种多样，但答案很简单：BIM经理是用来管理的。他们管理流程、管理变革、管理技术、管理人员、管理策略。在这样做的过程中，他们管理着组织业务的一个重要部分。

矛盾的是，作为新兴行业的代表（如果可以这么说的话），BIM经理并不擅长管理。通常情况下，他们的任务是执行一套狭义的实际任务，以应对日常的实践负担。如果在过去，BIM经理知道所使用的工具、工作流程和解决方案（再加上体面的人际技能）就足够了。但这时候，房地产、施工和设计行业就会开始期待更多：随着人们日益认识到BIM不仅仅是实践中的一个技术方面，BIM经理需要更广泛的技能，包括“管理智慧”。这样的期望不仅与良好的商业意识挂钩，而且同样符合日益增长的一套政策、标准，以及在某些情况下涉及如何在当地司法机构交付BIM“任务”。BIM现在被更广泛地认为是减少浪费、施工初始成本和建筑资产总成本的一个因素。其次，BIM可以帮助提高整个建筑供应链的生产率，并减少建筑对环境的影响。

鉴于这些认识，令人惊讶的是，BIM经理开展的活动往往在其组织内部被深刻理解。BIM经理的任务是确定他们自己的角色，并向高层管理层证明他们是在做什么，这并不罕见。

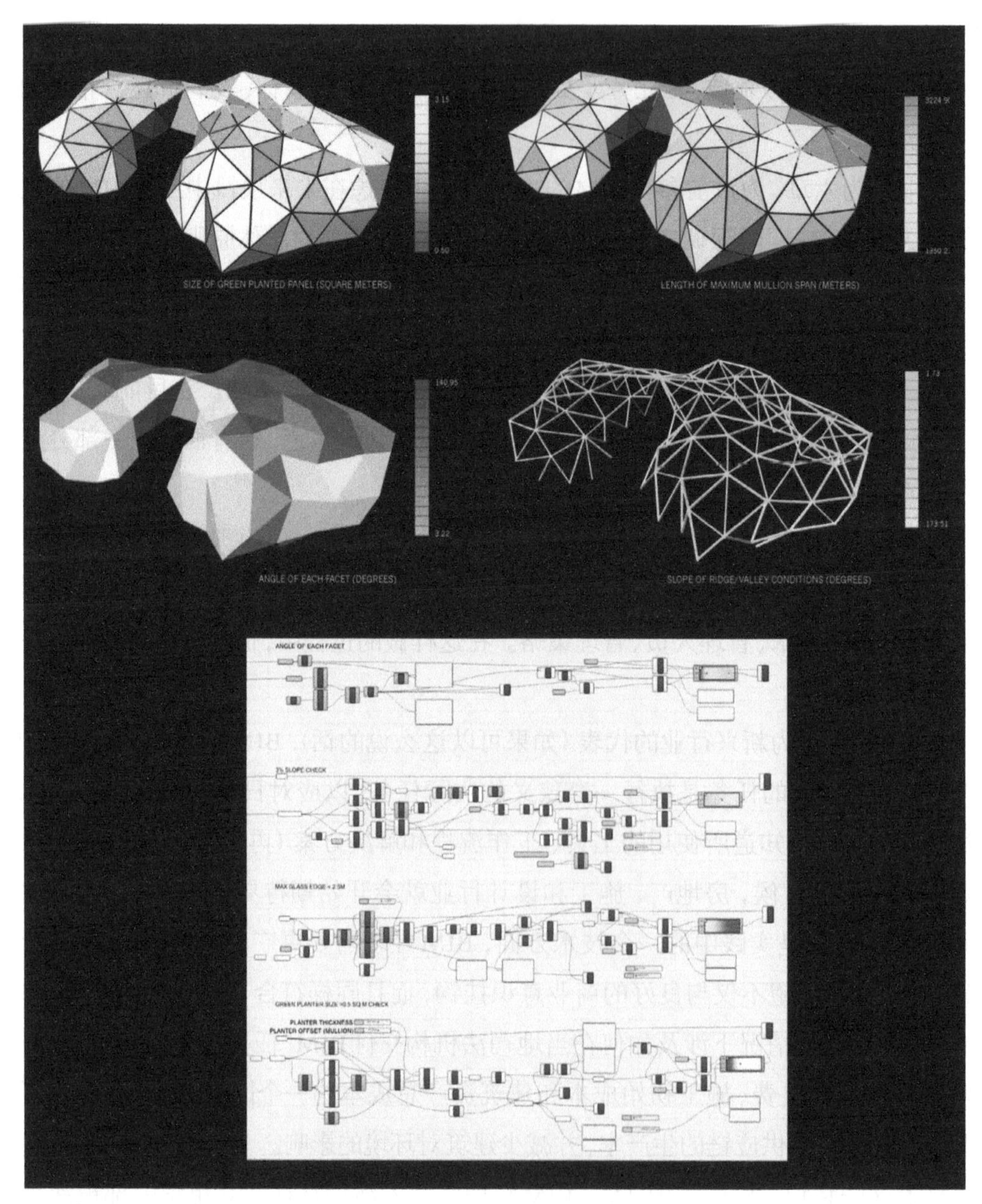

图 0–2　KAFD 会议中心参数化设计分析，设计到结构节点的制作和子面板布局（一）

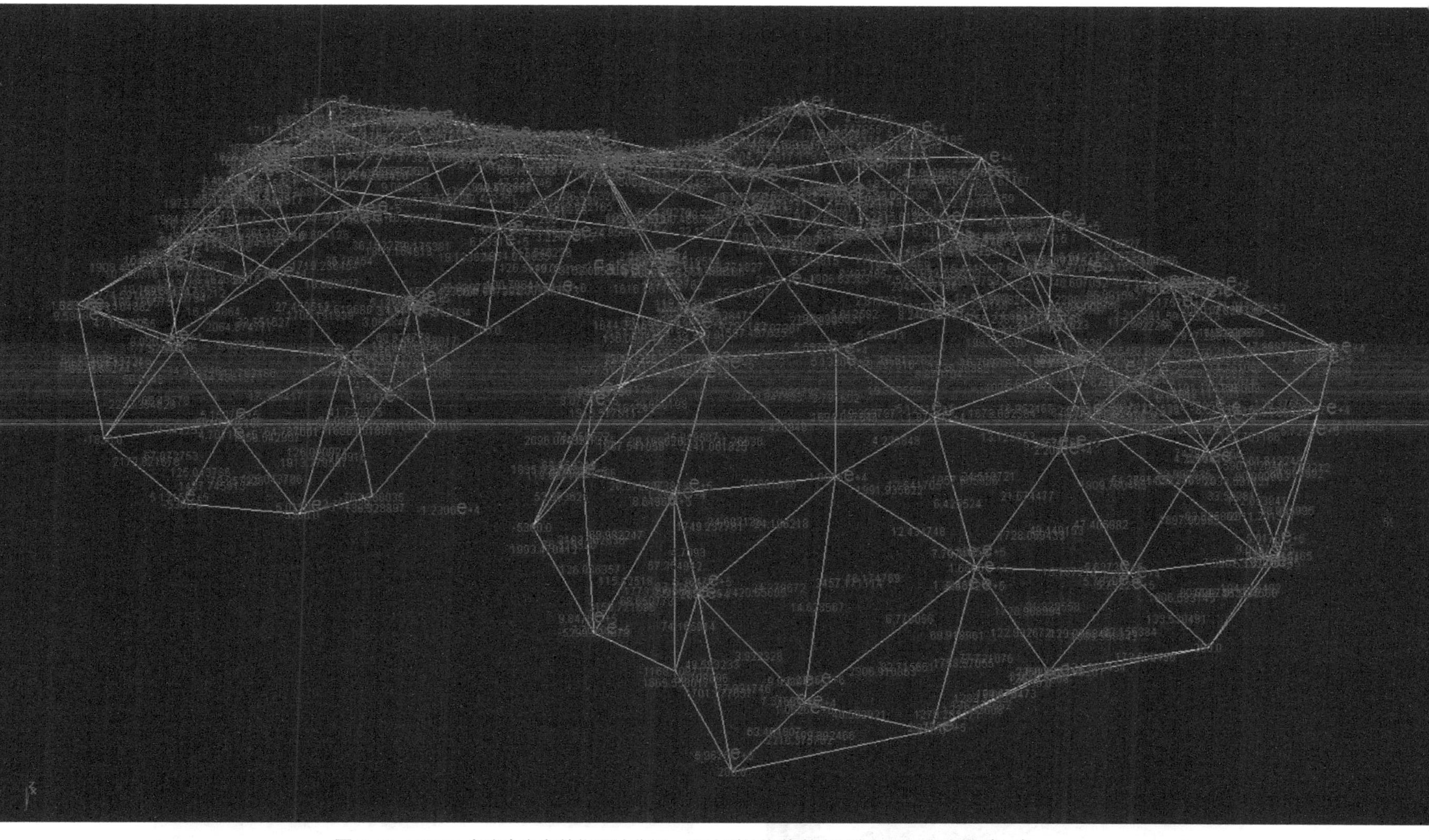

图 0-3　KAFD 会议中心参数化设计分析，设计到结构节点的制作和子面板布局（二）

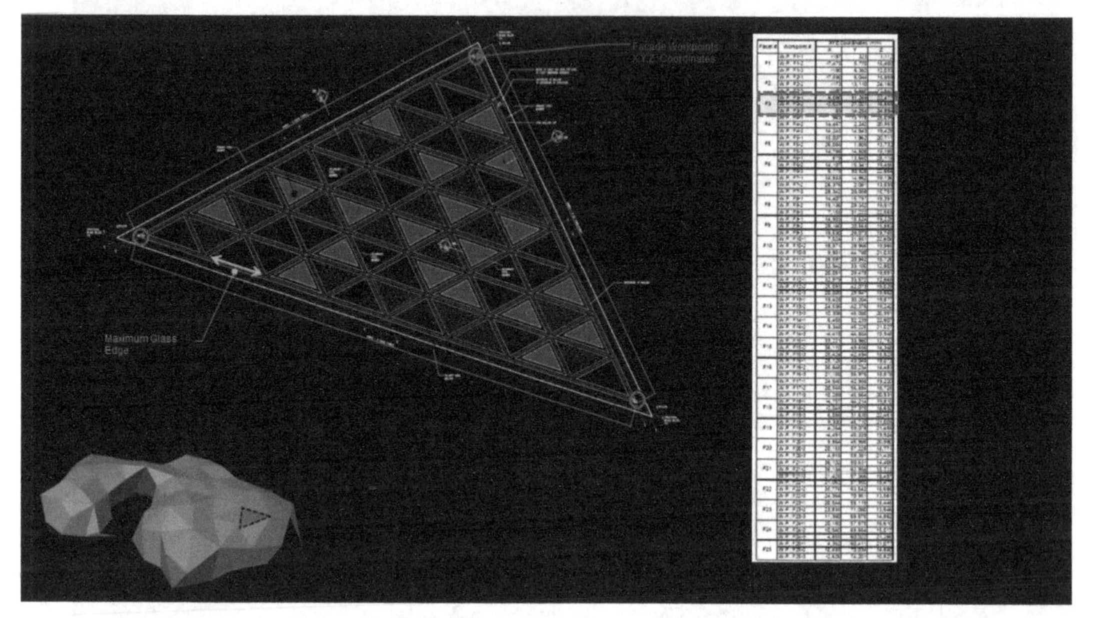

图 0-4　KAFD 会议中心参数化设计分析，设计到结构节点的制作和子面板布局（三）

图 0-5　基于 BIM 模型的项目协调会议

任何试图精准描绘BIM经理这个角色的人们，很快就会意识到这种尝试是毫无意义的。BIM很有可能在未来成为项目设计、交付和已建资产运营的组成部分，它的应用将不再被视为一个单独的组件。目前，BIM在不同的行业和地理位置仍在经历不同的采用率，认识到它的影响及其对传统项目交付方式的影响，是组织需要掌握的关键一步。BIM经理会在这条道路上帮助组织，至少会在未来的5～10年都需要这样做。

二、BIM 实践

本书并没有试图提供一个包罗万象的框架，而是解释了如何最有效地利用当代实践中的底层经验来实现BIM。通过结合专业知识和实际应用反馈，引导读者了解大量真实的BIM案例和事件，从而推动思考。这些参考资料中，许多经验被合并、总结为实用的“提示和技巧”，这些提示和技巧很容易被消化，并可转化到大量的实际应用中。本书内容的核心是与BIM相关的价值命题，以及BIM经理的价值命题。因此，问题不再是关于是否使用BIM，而是关于如何成功地实现它。

本书明确承认BIM管理的暂时性（变化迅速、灵活多变），因此为读者提供的是希望能经受时间考验的一般性概述。本书每一章都涉及管理BIM的人应该知道的高度相关的知识。一开始，本书就设定了如何定义“BIM的最佳实践”的场景，以突出与其管理相关的角色和职责的广泛性。根据这一初步评估，随后的章节将更深入地讨论BIM管理的不同方面。最重要的是，这并不是以对日常任务进行技术解释的形式出现的，而是从社会、政策、标准、商业指令和知识获取等进行深远的思考来解决BIM管理的相关问题。使用这种形式和方法背后的原因很简单：旨在回答BIM经理需要知道和做什么才能在工作上脱颖而出。

在考虑BIM经理的角色时（即当前的需求和未来的需求），显然目前的文献过度强调了技术方面。作为回应，本书只有一个章节聚焦在技术上。在灌输新的工作方式、改变流程、良好沟通的重要性，以及不断获得技能时，所有人都会解开与BIM相关的复杂问题。

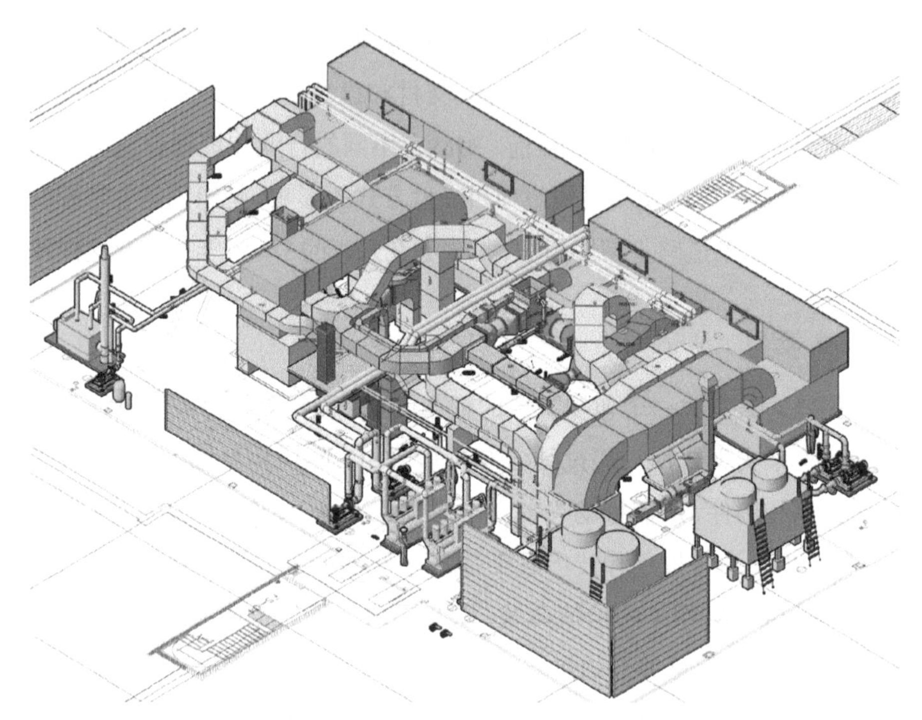

图 0-6　BIM 中的机械系统工业厂房

BIM经理需要学习如何将他们的角色和作用提升到项目支持之外，并将他们的活动定位在管理层之中。本书阐述了如何实现这一重点转变，以及在建筑行业BIM的持续发展下，BIM经理如何推动创新和提高生产力。为本书出版做出贡献的许多BIM专家和创新者都在做这样的事情：分享他们的研究成果，并推动与公众的对话。例如：在英国Bond Bryan建筑师事务所Rob Jackson的工作中可以找到这样卓越的例子，他与他的合作伙伴一起，一直在调研IFC和COBie如何整合到典型项目交付的工作流程中；作为一名领先的工料测量师，澳大利亚Mitchell Brandtmann的David Mitchell定期在宏观经济范围内出版关于BIM投资回报的著作；另一位杰出的BIM支持者是美国的James Barrett，在国际会议上，他不断报告Turner建筑公司如何卓越地使用BIM和精益建造的理念交付项目。另有50多位全球人士在本书中表达了自己的见解。

为了抓住这些全球行业领导人士的知识，本书作者踏上了一段发现与整合之旅。作为一名行业领导者，本书作者积极参与项目的交付以及围绕BIM制定政府政策，因此，作者在全球范围内与一批杰出的人士进行了深入接触，这是至关重要的。开展这一工作的目的是征求定量反馈意见（初步调查形式），以及值得信赖的专家的定性意见。作者在地理和主题两方面不断扩展写作脉络，以获取与BIM管理及其未来发展相关且具有广度和深度的知识。

图 0-7　英国谢菲尔德市 Ecclesall 路综合开发项目

三、启示与惊喜

写这本书的启示之一是BIM经理对他们在专业实践中所扮演角色认识的水平低得令人吃惊。由于他们中的大多数人是通过某种狭窄的途径进入BIM领域，所以他们首先需要扩大他们的关注点，以了解全局。即使他们这样做了，他们也需要令人信服的论据来引导他们在公司中的领导作用，以指导内部及协作项目团队中的BIM工作。提供这样的指导并非不费吹灰之力：在一个利润率较低、讨厌风险的行业，创新和流程变革的推动需要得到很好的协调。BIM经理是变革的关键推动者。他们平衡并协调文化与技术、信息传递和共享所带来新机遇下的业务驱动，以及团队内执行的重大决策。

本书揭示了对BIM的大量误解，这些误解直接进入了分析与BIM管理相关的机遇和挑战的核心，并成为一个重要的参照，有助于全球范围内BIM的进一步发展。

图0-8 在Revit技术大会（RTC）上讨论最新的软件

第一章

BIM 的最佳实践

人们如何才能知道BIM实践的正确性？为了达到BIM的最佳实践，BIM经理所面临的关键任务和挑战是什么？如何掌控它们？通过对世界顶级BIM经理人的经验总结，本书得到许多答案。这里有许多值得学习的经验知识，无论是成功经验还是失败教训。这些知识得到了许多先行者专家的认可，它提供了追求卓越实施BIM的有效支持。

如果我们想了解BIM经理是如何出色发挥自己所长的，就必须先正确理解BIM背后的原理。本书指出了BIM不断变化的时代背景，探索了是否存在一种"BIM成功的公式"。过去的十年给了我们很好的机会，让我们看到许多标志性的BIM项目得以完成。我们从错误之中学习，从好的BIM最佳实践中提高。这些成功实践的临界点在哪里？哪些典型的因素和指标可以应用？这些问题的答案都有助于BIM经理去最大化BIM的效益，不仅是跨组织的，而且是跨项目团队的。

第一节　BIM经理：开辟新天地

BIM经理是一个全新的职业，在国际出现不到十年时间，最主要还是在大型项目里面。随着整合的力量不断加强，BIM经理开始成为促进各专业之间协调沟通的纽带。在BIM前进的道路上，BIM经理扮演着核心角色。在实践层面上，BIM经理引领了组织和项目团队协作的创新。他们利用BIM工作流让项目干系人了解和参与到更深的复杂情况。他们通过把数据进行中心化和基于规则的项目交付，帮助团队更好地发挥专长以收获更大的回报。

一、转型的角色

很难描述到底什么是BIM经理。之前BIM经理主要负责监督BIM模型开发等任务，现在则越来越多的是与信息管理、变革推进、流程规划和技术策略制订等工作相关联。任何关于BIM职位的描述都是在不断变化之中的。由于BIM涉及的利益干系人范围越来越大，BIM经理的职责正在迅速从碎片化走向专门化。将这个范围比拟成光谱的话，一端是作为模型经理（Model Managers）协助内部团队在特定项目上工作，辅以专业的BIM内容库管理员（BIM Librarians）[㊀]或信息内容创建者；另一端是作为模型协调员（Model Coordinators）进行多方面的BIM整合。BIM经理可能现在还会向设计技术领导人或项目信息经理汇报工作，他们再向高层级管理者汇报工作。在某些情况下，相对于提供技术支持的基层工作来说，一个组织还会需要一个战略BIM经理。所有以上职位都取决于组织的规模和特点。在较小的公司里，一个BIM经理可能会负责以上所有工作，同时还作为项目建筑师和建模员。

一度BIM经理之职还曾被废弃，而只是成为项目管理的一般性的部分。如今大量的变革管理已在被部署实施，全球建筑产业将会把BIM当作项目交付方法的必然。

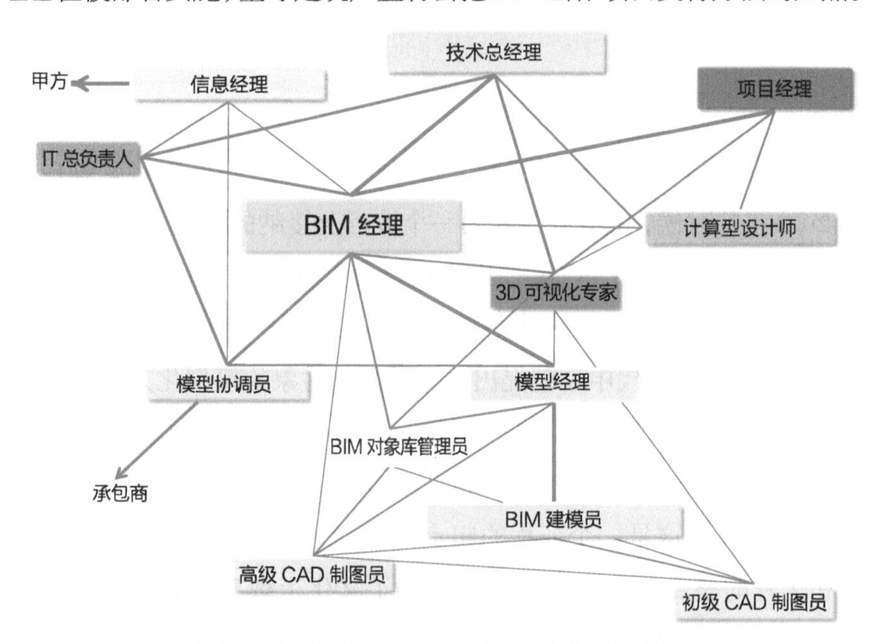

图1-1 在较大规模的设计公司中，围绕BIM的角色分布

㊀ 原文是：BIM Librarians。这是BIM领域经常出现的借词表达方式，由于许多新的对象需要命名，于是就出现了借用别的领域的术语到BIM领域中来。此处借用的是图书馆管理员，引申为管理这些模型和信息的人，他们并不是书籍的作者，作者是建筑设计师、暖通工程师等专业人员，他们才是BIM信息内容的创建者，即原文的Content Creators。

现在我们仍然身处BIM普及过程的大转型之中。BIM经理需要在可能性和适当性之间寻找平衡。他们的战略观将会影响到他们所能抓住的机会，那些可以、也应该与他们所在组织的文化和专业氛围相一致的机会。他们会设法实现这种一致性。最终，BIM经理也许不会成为推动变革的最终决策者，但是他们也会给高层级管理者提供决策支持，他们将会以自己实实在在的行动来为BIM落地实施负责。

我们从世界级的BIM经理们那里收集到的反馈是每个人都可以成为杰出的BIM经理，他们都来自领先的建筑设计、工程技术服务和工料测量及施工单位。他们反映出来的问题和常见经验教训，我们都会在书中加以重点标识。

第二节　迅速崛起的BIM

BIM应用自从2003年以来已经持续发展了很多年，这使得BIM管理成了一个不变的目标。2003年的时候，BIM开始成为一个被行业接纳的术语，之前则有各种不同的描述，比如虚拟设计与施工(VDC)，集成项目模型或建筑产品模型。在那个时候，不同的软件厂商为他们的产品取名也是使用了各式各样的术语，意思都是一回事，其实Chuck早在20世纪70年代中期就提出来这种面向对象的模型化方法。

2002年到2003年前后，建筑行业分析师Laiserin推动了单一的术语“BIM”的普及，之前还有G.A. van Nederveen和Tolman(1992)及Autodesk公司的Phil Bernstein等人也做过类似定义。这是一个征程的起点，建筑行业开始在全生命期中强调规划、设计、交付和运营的整合。这个征程极大增加了文化上敏感的议题和专业上相关的议题：BIM应用推翻了建筑师、工程师、承包商和业主方之间数十年来割裂开的陈规，使得割裂的过程恢复本来的正常状态。BIM经理在实践过程中被卷入到这场变革的中心。

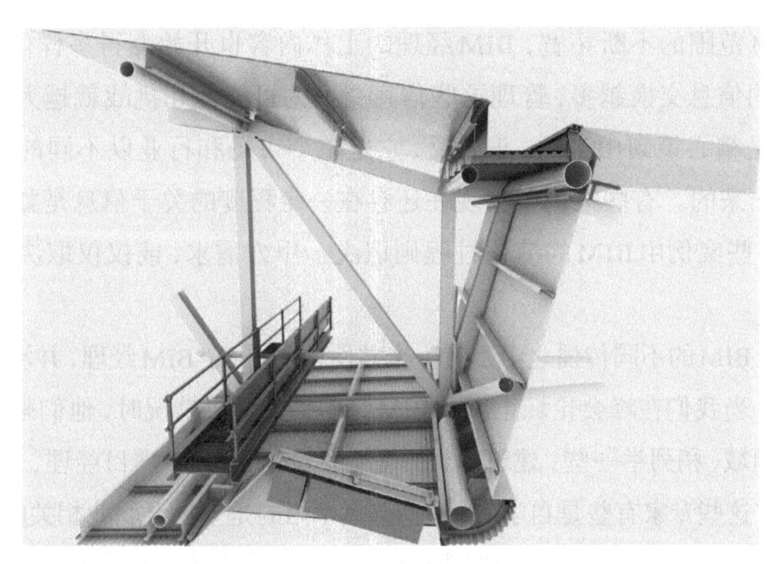

图 1-2 通过 BIM 生成的详细立面系统，并由 COX Architects 软件进行 3D 可视化渲染

尽管BIM的起源是很清晰的，但是并没有一个明确的在商业上获得突破的启动点；概念上，BIM可以追溯到20世纪70年代早期的大型计算机时代。一些今天仍在继续使用的关键的BIM软件平台在那时已经进行了早期的开发。随着计算机性能的不断提升，计算机硬件价格不断下跌，以及21世纪初以来互联网的急速发展，带来了BIM的快速推广应用。那个时期，转折点开始形成。BIM软件的价格开始变得可接受了，界面友好性也成熟到了一个临界点，以至于成了CAD平台的一个可替代产品。

从这个时期开始，CAD经理开始成为承担BIM实施任务的人。为了生成施工文档，CAD经理得到高级绘图员的支持，他们是负责从虚拟模型中生成合同相关的二维图样的。在建筑设计师和结构工程师那里使用BIM建模仍然是很有限的。BIM受限的应用范围使得机电工程师和承包商无法使用BIM，他们一直等到2007~2008年BIM工具完善后，才开始用BIM来完成自己的工作。从2010年开始，BIM相关产品的开发加速了。快速提高的软件操作性能和空前扩展的BIM工具生态圈形成，同时BIM方法日渐被测量师、承包商、FM经理和业主代表接受。不断扩展的BIM利益干系人列表带来了大量的机会，来管理跨专业和项目阶段的信息。所有这些进展都带来了重大的成果。

随着BIM范围的不断拓宽，BIM经理的工作内容也开始变得多样化：不同利益干系人之间的信息交换越多，管理这些信息交换的可能性和挑战就越大。这个范围的扩张并不是精心策划出来的，正相反，它是整个市场和行业以不同的速度和真实度逐渐演变出来的。有些案例中到现在还存在一定程度的关于信息是如何被共享的规制要求，有些案例中BIM的演化过程则取决于甲方需求，或仅仅取决于操作者的技巧能力。

直到今天BIM的不同传播之中都有一个共性：成为一个BIM经理，并没有一个清晰的学习路径。当我们在峰会论坛上问及BIM经理们的背景情况时，他们来自相当广泛的专业相关领域，稍列举一些：建筑师、工程绘图员、测量师、项目经理、机电承包商、专业顾问等。这些专家有些是自学的，他们选择学习的是与自己职业相关的内容；有些参加了专业培训，或曾在一些课程中顺带听到了BIM的宣传。其他的人有可能在实际工作中从同事那里学到了BIM知识，有可能只是将BIM当作2D/3D CAD图档工作的一个延伸。

2010年初以来有许多专业机构和学校开始提供阶梯式的BIM管理课程，带有资质认证或证书，这些课程意味着基础性的重要问题是可以被BIM管理所解决的。2011~2012年，新加坡政府的BCA部门在他们的BIM学院中开始提供BIM认证，大约同时期，中国香港的HKBIM协会也推出了针对会员的入会要求，美国承包商协会(AGC)启动了他们带有管理认证的BIM教育课程——CM-BIM。

当时英国的建筑研究机构(BRE)发布了一个BIM培训和认证的路径，主要集中在英国，目标是到2016年达到BIM Level 2的水平。BRE方法的不同之处在于区分界定了TIM(任务信息经理)、PIM(项目信息经理)和PDM(项目交付经理)。英国皇家特许测量师协会(RICS)的BIM经理认证在2013年末2014年初推出，不是很全面，但在全球推广；其BIM管理课程主要是针对特许测量师会员，是全球性的(当然主要还是英国的BIM背景)。加拿大BIM委员会推出的CanBIM也加入了一些其他行业组织的排名，他们为想要认证的人提供的认证课程是行业标杆：符合全国性的标准和“BIM竞争力和过程管理”认可水准的认证。

图 1-3 HYLC 合资企业的皇家阿德莱德医院 BIM 服务模型

图 1-4 HYLC 合资企业现场 BIM 服务

所有这些课程和认证都是权威组织在最近四年或更短时间内推出的，这也带来了本书第一版的出版，随之还出现了更多的课程和认证。这也是为何为本书提供过反馈意见的BIM经理，从这些开设较晚的课程中所得知识极少的原因。但是这种类型的认证将会与第二代和第三代BIM经理越来越有关系。在课堂上能够讲授的涉及BIM管理本质的知识究竟能有多少，还有待观察，但是在建立BIM认知方面，BIM认证无疑是一个重要的铺路石。在BIM的语境下定义应该做什么，将会带给BIM经理一个清晰的能力和技能的定义。

第三节　定义漂亮的BIM，甚至是最佳实践的BIM

"Building Information Modeling"这个术语一直是一个非常广泛的概念，关于它的各种解释和阐述很多。有人把"modeling"当作动词，描述一种生成、组装和协调虚拟建筑信息的活动行为。也有人倾向于把BIM理解为建筑信息的一个"模型"，是指几何构件、数据或两者的合体。考虑到定义BIM自身都有如此巨大的差异，于是大家就会想，定义BIM的最佳实践是否存在可能性。

一、大格局

有时候一份文件就能导致一个国家的政策或授权的产生。一个指导性文件的例子是英国的公用技术规范(PAS1192)，另外一个例子是美国俄亥俄州的BIM协议。这些文件代表了当地建筑行业BIM相关方面的远大愿景。它们提供了有用的框架和工作的起始点，并在当地行业的发展背景下走向具体实践。

对BIM的定义最好是留给理论家去做，这里介绍的BIM应用工作都是侧重于实践的。为此，本书注重于实践推广和尝试性的应用测试，通过借鉴世界各地领先的BIM经理所实施的先进方法。本书为大家带来在最前沿领域的研究成果和实际应用，这有助于最大化那些由BIM驱动的工作流程的效果。BIM应用，决不能仅限于一个线性的流程，而要当作一个不断变化的目标。BIM实施得好，总是与这些因素有关系的：项目合作各方对于信息管理的态度、思维和方法。任何试图定义最佳BIM实践的尝试，都需要重点考虑BIM的影响各方面利益干系人的变革性的特别角色。

我们从案例中学习，而且当我们谈BIM时这些案例经常会揭示出相关议题的广度，那种广度穿越了多种多样的、专业上的、文化上的和市场相关的时代背景。

二、前方来电

当德国一级方程式赛车手Sebastian Vettel在看到赛场格子旗的时候，他就知道他可以获得2009年度的阿布扎比大奖赛冠军，但要是赛道正在建造期间他就不会有这种感觉了。好在Yas Marina 赛道以创纪录的速度建好了，可以赶得上举办赛季的最后一轮比赛。Aldar Properties PJSC开发了这个项目，它是阿拉伯联合酋长国最大的开发商之一，这个赛道是YAS岛阿布扎比海岸的重大工程。赛道相邻的都是一批所谓建筑奇迹工程，这些工程可以追溯至2008年金融危机以前，那时候就已经规划好了，如法拉利全球中心和阿布扎比国家展览中心，都彰显了这里有全球最丰富的石油财富。

图 1-5 Aldar 令人印象深刻且详细的建筑模型，包括钢筋和混凝土细节

阿布扎比的领袖们雄心万丈地要向全世界推广他们现代化的国家和文化理念。Aldar Properties PJSC公司在2007年开发他们的总部大楼时，也希望成为这个宏伟事业的一部分。他们开发了一个地标建筑的设计项目，乃是建筑大师杰作，这个项目使得阿布扎比的天际线更加优美。

紧接着，一些国际上领先的建筑专家被委任到项目上，以促进项目的快速实施交付。黎巴嫩的建筑设计公司MZ Architects的建筑师们设计了一个很壮观的半球形方案(硬币形状)，23层楼，此类建筑在世界上也是第一个。这个造型在立面上的幕墙面板是不断增加、重复出现的，这给工程师和承包商带来了挑战，他们要去寻找一个创新的解决方案来进行细节设计和施工实现。这个造型使得结构材料必须以钢材为主，而且要能承受球形造型所固有的高张拉应力。

阿布扎比虽然矿产丰富，但却缺乏高等级钢材，在整个阿联酋也都没有。英国的总承包商Laing O'Rourke和工程顾问公司Arup在项目的早期就碰到这个问题。于是只有从英国进口，并精心策划协调整个设计、工程技术、物流和施工过程，进行独特的供应链整合。

随着钢材生产问题及引发的一系列其他问题的出现，本来时间计划就很紧张的DnC方式(北美地区称之为D-B模式⊖)就更紧张了，总包商不得不寻找一种新的方式来把建筑设计、工程技术、预制和施工紧密衔接起来。很显然在这方面缺乏合同流程，于是总包商就推动建立了一种“团队式协议”来管理协调各个使用BIM建模软件的团队小组。他们找到了一个强有力的合作伙伴：奥雅娜的悉尼“地区BIM协调员”Stuart Bull和迪拜的Steve Pennell，他们俩承担起了进入非常规领域的冒险探索。

Bull现在是Ridley VDC公司的管理主任，之前做过一系列全球著名项目的虚拟施

⊖ DnC/D-B模式，直译即设计—施工模式，但这种模式不同于国内一般的设计+施工的方式，为避免混淆，建议直接采用原文。在一个特定的社会中，工程承发包模式是一个较为严谨的合同体系，涉及专业法律体制、工程保险体制、工程技术市场规制、政府政策规范等多个领域，欧美社会某种成熟模式的沉淀定型都是经过长达几十年的演变过程才形成的，如北美地区今天最有代表性的三种模式（DB、DBB和CM）占据了绝大部分市场份额，BIM技术的推广开展正是在这些模式之中运作的。这些模式的名称都比较简单易懂，但是直译过来就失去了其内涵，宜采用原文作为专有术语。

工整合管理，参加过北京国际游泳中心项目。Bull很清楚，要想达到甲方的紧凑时间计划要求，就得和总包商(Laing O'Rourke)、英国的钢结构厂商(William Hare，WHL)紧密配合做出工厂加工用的虚拟模型，这个模型可以直接转为可供施工组装的组件。虚拟模型的概念还必须要符合英国和阿联酋的建筑规范规定，供应链上的各方也一样。

继而全球性的协作开始了，为了促进精益建造(JIT是源自制造业的零库存、即时生产的管理概念)，信息在澳大利亚、英国和中东之间共享。这让团队获得了成功。Bull回想起有一次设计会议长达一周，与钢结构厂商在悉尼的项目关键成员一起解决钢材等级、材料可用性以及预制组装问题等，都是在一个虚拟模型上进行协作完成的。这个团队协议促进了各方的高效协作和集中解决问题的流程，这是Aldar总部大楼这个项目BIM成功的一个关键因素。

这个项目也有一些经验教训。在专门的BIM经理缺位时，总包商的项目经理不得不承担起这个角色。进而，也就没有专门的BIM执行计划用于项目，许多协作的要素就不得不边走边试着做。还有，其中一个最大的遗憾是，这个高度复杂的虚拟建设模型没有与运维整合。

上述案例也展现了BIM没能奏效的原因是某些干系人太过注重应用BIM的具体产出。如果不考虑多学科协作的风险问题的话，这些领先项目案例揭示了不断增加的协作和多方共享信息的收益，是建立在对于顾问和承包商的信任和尊重基础之上的。

Aldar总部大楼项目在诸多著名项目中只是一个特别的个案，是由来自三个国家的极富经验的操盘手进行协作完成的。它是在咨询师和承包商之间通过BIM来整合供应链的早期成功项目。BIM自这个项目之后在不断发展，大约在2009年前后出现了阿布扎比国际大奖赛项目。一些行业研究描绘了全球BIM采用情况的持续增长，根据英国的全英建筑规范(NBS)的一份年度报告，BIM应用从2011年的39%增长到2014年的54%。更为戏剧性的是，美国出版商McGraw-Hill在2012年的一份名为“智慧市场”的报告中说：BIM在北美地区的采用率从2007年的28%增长到2012年的71%。

图 1-6　ALDAR 总部的详细建筑模型，包括钢筋和混凝土详图

随着越来越多的应用，我们也开始理解从哪里着手才能做对BIM。接下来的章节指出了BIM走向错误的最普通的例子，这些都是基于那些在前线作战、天天在处理“坏BIM”的后果的人们的反馈。

第四节　当BIM误入歧途——错误运用BIM的实例

“让错误快点来，也快点走。”

Intel公司联合创始人安迪·葛洛夫

我们从错的BIM之中能学到什么？当具体运用BIM时有哪些关键性的错误总是重复出现？

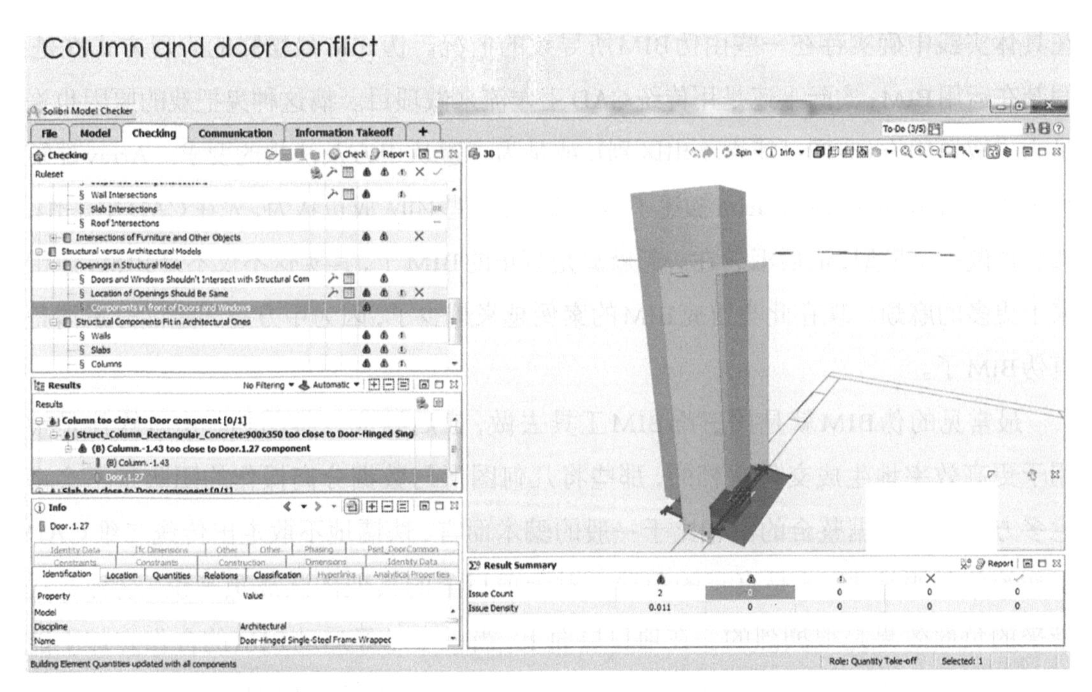

图 1-7　通过 Mitchell Brandtman 5D Quality Surveyors 的模型检查器检测 BIM 模型中的碰撞问题

是否存在“坏BIM”这个概念，是有争议的。我们暂且假定BIM背后的核心概念是高大上的，它的主要目的是要促进项目在整个建筑物或项目全生命期中更好的交付。按这个想法来理解，BIM就不可能是坏的。至于有人说它是坏的，肯定是被人们理解错了或用错了。BIM的原则可能会被忽视，目标可能会被误解或用错。凡是在项目上用过BIM的，都会有许多关于BIM的心酸故事。在有些案例中，问题很明显是与BIM没什么关系的，其实都是项目具体情况导致的(比如合同条款或采购上的问题)。有些时候，问题是来自于缺乏BIM应用的技巧或知识。

“BIM出错”现象好的一面是可以用事实来证明：那些在实施BIM的团队，往往还正处于一个学习过程之中。一些常见的错误在这里就特别突出。这对于所有的BIM经理都是至关重要的：从错误中吸取教训，以避免重复犯错误。

一、伪BIM

听上去有点难以置信：BIM经理们所面对的最大挑战，就是如何定义“伪BIM”。在具体实践中确实存在一些由伪BIM所导致的情况。伪BIM最糟糕的表现方式就是：假装在运用BIM，实际上还是用传统CAD工作流来做项目。搞这种鬼把戏的原因也许是为了取悦甲方(他们可能看不出区别)，或是为了遵从甲方及法规的要求。Array建筑师事务所的 Robert Mencarini描述了这种现象：一些团队成员认为，先在CAD中工作，然后再做一个模型，最后汇总在一起就算是真正的BIM了，其实这不仅不是BIM，还带来了更多的麻烦。现在此类冒充BIM的案例越来越少了，因为甲方越来越能分辨清楚真伪BIM了。

最常见的伪BIM就是用三维BIM工具去做，最后导成二维图档。BIM软件是被用于更高效率地生成交付文档的，那些将几何图形与数据分离操作的团队是不会考虑多方协同及数据整合的。相比于一般的骗术而言，怯懦地不敢走出传统二维CAD工作流的舒服地带，才是真正的犯罪。对于项目上的其他团队成员来说，这种做法带来的负面效果是很剧烈的。在项目层面上，当一个已经启动BIM的合作方却不能真正实施BIM流程，通常到最后都会被搞得很累，其他合作方还要用别的方法来弥补这个缺口。

这种伪BIM的一个常见的类型名为“让步(Fall-back)”。Chris Houghton是Peddle Thorpe的BIM经理，来自墨尔本，说这是“杂交BIM”。在整个项目团队或在单个业务小组中有太多的CAD了，承诺了使用BIM、却又返回到二维CAD方法的现象贯穿了整个项目过程。有很多原因导致了这些现象，多是因为缺乏技能，或缺乏那些使BIM方法能够正常持续开展的基础技术支持条件。项目负责人启动了BIM工作，却又在随后紧张的项目交付过程中丧失了信心。

考虑到多数组织部署BIM的参差不齐的情况，伪BIM的幽灵还会在行业中漂浮，唯有时间能消灭它们。

二、孤独行走——BIM 关键利益干系人之间缺乏沟通

对于任何一个公司来说，采用BIM时有一个最大的困难：在组织机构层面上试图找到立竿见影的商业回报。这也符合常理：作为一个商业组织，其关键目标就是创造利润。于是就有了这样一个基础性的问题：首先要承认BIM是可以提高组织间协作效率的，但是只有足够多的涉及项目交付的利益干系人都切实付出，都真正参与进来应用BIM，项目才能真正协同起来。而这种情况又只有亲身经历之后才能真正理解。在项目型的机构中，如施工企业，他们很难把多方协同置于直接的投资回报之上。BIM对项目再有多好，也比不过简单的商业回报。

BIM经理在冲突之中并不是唯一的受害方，但他们却是最能够直接体验到那种紧张压力的，以及那种技术上的可能性以及从商业视角所能看到的收益。一个组织在使用BIM进行项目交付时，他们懂得的越多，就越能认识到协作的必要性。AEC业界的一线公司所经历得越多，就越会推动协同的BIM，而且是在整个项目的尺度上推行协同。

各方在还没有共享模型以用于协同时，就各自完成了建模工作，然后问题接踵而至。BIM不仅是用于设计阶段的，表达设计意图的BIM模型也要给施工方用，在预制

和现场装配施工的阶段也要作为一个主要参照(reference[㊀])。甚至于顾问和承包商队伍还要尽早考虑FM管理的信息需求。FM的工作通常在项目交付的时候才启动，他们的信息需求非常不同于建筑行业在设计施工阶段的需求。一个未经协同的孤立的BIM努力最终会产生很多份重复的信息，它们通常也缺乏互操作性和统一格式。协同的潜在效应并没有被充分挖掘出来，于是BIM流程在项目整体层面上来看就变成效率低下的了。

导致上述这些问题的原因各式各样：建筑师担心他们的知识产权，顾虑他们的专业责任；在设计问题还没有完全解决的情况下就开始产生模型了，这使得工程师看不到要领，看不清楚全局(如造价工程师就承担着这样的风险：必须随时提供对于变更的成本分析)。消息不再灵通的承包商们如果不了解设计师是如何在BIM流程中加入信息的，就很容易偏离设计意图。FM经理不愿意为此负责，因为他们要么没有在项目过程中参与进去，要么就是不理解BIM是如何帮助他们实现目标的。

三、BIM执行计划（BEP）——没有计划或缺乏实施

实施BIM管理完善的方法必然注重协同。如果项目团队没有在项目早期就开发并签发《BIM执行计划》(BEP)、《BIM管理规划》及类似文档，许多与缺乏协同有关的问题就会剧增。通过公共渠道可以获取这些BEP模板，自2007~2008年以来就有了，这些BEP文档可以用来指导使用BIM的整个协作过程。

㊀ reference通常会译为参照、参考，但是设计文件只是作为施工的参考，这不符合中国读者的认知，中外体制不同，对此的理解会产生较大的差异。因为在中国建筑行业，施工是要“按图施工”的，这施工图要由设计院出具才有效，施工方不得乱来，于是由设计院出具的施工图的深度非常深。而在国外施工方来绘制施工图的体制下，设计院的图样是一种表达设计意图的文档，设计意图即：这是最终要达到的成品效果，至于施工怎么做（施工图、加工图就是最重要的表达方式）是施工方的事。这种体制可以简化理解为设计院不出施工图，于是设计院图样深度就比较粗，相当于扩初阶段图样，但配以大量文档资料，称为documentation，我们甚至于可以认为图样是文档的图形表达手段之一，是设计成果的一小部分。对这个体制的理解与BIM的学习关系甚大，因为BIM的理念和方法在相当程度上，是这种体制的产物，本书所述许多流程均为国外同行，而国内鲜见，在与国内情况对号入座时要谨慎，尤其在看这些关键术语时要注意其原文所处的社会行业语境。

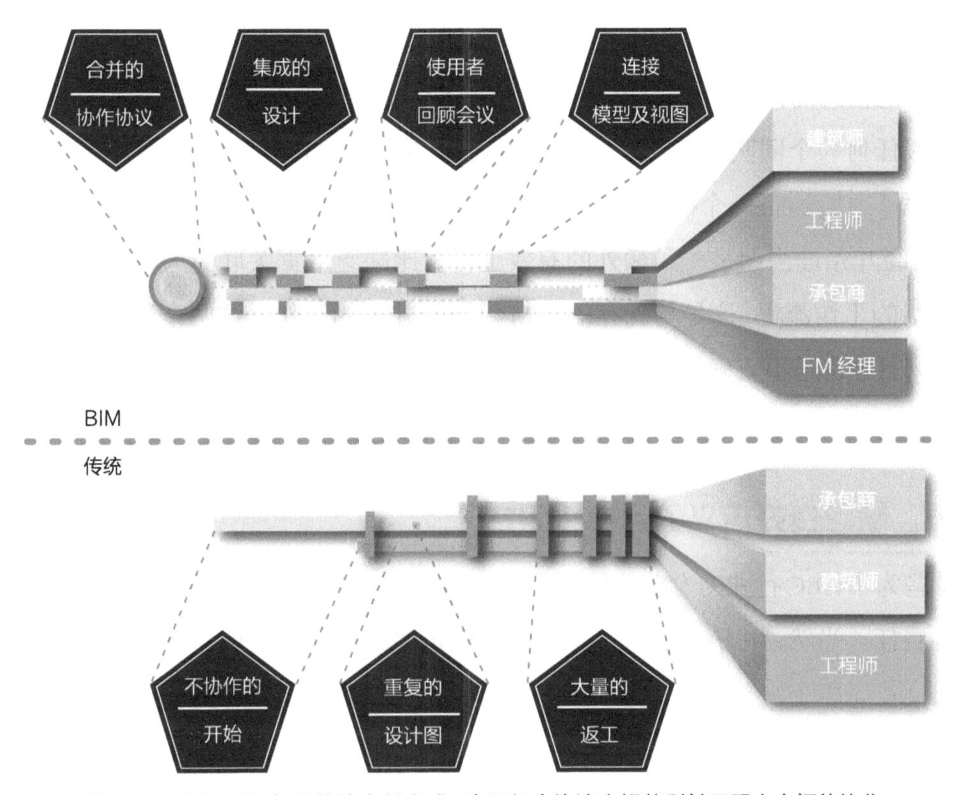

图 1-8 比较 BIM 与传统的交付方式：应用组合协议来规范利益干系人之间的协作

BEP的目的是让项目团队成员能够达成一致：模型与关联信息如何共享，这些模型如何整合在一起，审查校核的频率是多久一次，谁来负责在多专业配合的BIM过程中推进某个构件的处理工作。在大中型工程项目中，它们的使用已经在不断增加，但还没有成为标准做法。在这类项目中，BEP的缺席会导致协作各方的不一致和生产率的损失。BEP并不能确保使用BIM的项目就一定会无缝协作，但是它可以增加团队在共同的BIM目标上协调一致的概率。坏BIM之所以发生，就是因为BEP没有用起来，或者没有被正确理解和遵循。

四、数据没有整合

下一个坏BIM的因素就是过度关注几何模型，却忽视了关联那些对于下游单位有用的数据。过于关注如何从三维模型中生成二维的设计图档，与数据相关的问题就一直不会得到解决。有一个原因在于：传统上，咨询师和承包商很少能够会因为在文档中添加更多的信息而得到相应报酬，这些信息也不会直接使他们自身获益。

说服任何一个团队做这件事都是很困难的，因为他们的报酬之中并不包括这些额外的数据工作。最近一个研究表明，咨询师们适当地在模型中加入对下游单位有用的信息，已经开始被当做是一种额外的有效工作。比缺乏数据关联更为糟糕的是开发深化数据组的工作流程，这是与既存的BIM模型相并列的工作。这两个现在多未很好地关联起来，(经常是不正确的)信息也没有被很好地管理起来以及冗余了不相容的格式在不同系统中。

五、缺乏良好定义的目标（甲方）

那些为了AEC行业的专业目标而用BIM的单位，要为BIM使用方法的不一致而负主要的责任。当然，甲方、项目经理和FM经理也要为BIM的失败负责。出现坏BIM的源头可能就是因为缺乏来自甲方的清晰目标。所有这些缺乏通常都是源于不懂行的甲方，因为正是他们在项目开始或过程中间提出了信息需求。

甲方错误地定义BIM目标经常是缺乏数据整合的原因。GHD公司的Brian Renehan痛惜他的甲方过于详细地制订了具体目标，却还没有正确理解数据是如何产生、管理和使用的。没有切实可行的BIM目标，项目团队经常就会掉进黑暗中，他们不得不再次猜测到底甲方想要什么。

精通业务的咨询师和承包商们从中看到了指导甲方的机会，就帮他们找出哪些数据是项目交付时所需的。其他人可能都没有听说过这些支持文档，如雇主信息需求模板(UK PAS 1192:2 Employer Information Requirements，EIR)，或是基于项目信息模型套用EIR而生成的资产信息模型(Asset Information Model，AIM)。最基本的，提出信息需求给项目团队的甲方如果没有接受很好的指导，全生命期的BIM没法真正用起来。如果甲方没有确切给出明确的需求，走在前面的BIM努力肯定是没有用的。一些甲方试图为了保险起见，要求“全方位BIM”或“全面整合的BIM”，却对那些可能会对他们自身有益的难以捉摸的交付成果(deliverables)没有一点主见。

六、过度建模

从甲方那边退一步来看，存在着另一个最坏的BIM——它多半发生在咨询师和承包商之间（也可以扩展至FM的世界）：过度建模。“过度”可能有点用词不当，在这里只是为了反映一个普遍现象，一些BIM利益干系人与协作方之间对于信息需求缺乏理解。NBBJ公司的Sean Burke这样描述：致力于创建最好的模型——有用和准确的数据，以及相应的代价。

BIM走向了错误，在这里意味着模型中嵌入了太多的信息（主要是几何信息）。不仅产生了不必要的付出，模型也很大很难用，浪费了整个团队的协作的努力。过度建模背后的关键原因是干系人之间沟通得不够充分。在早期设计阶段，这越来越成为一个问题，会成为灵活的设计流程的一个信息超负荷的挑战。

就像缺乏数据整合导致的缺憾一样，过度建模也一样带来了信息上的问题（没有清晰地理解信息的用途）。顾问（如机电工程师）可能会过早地进行系统选型建议，然后就开始建模，添加详细的系统设备，这仅仅是为了把模型早点移交给机电承包商。最近出版的LOD[1]（Levels of Development）指南文件可以协助团队以协调均衡他们的建模上的努力付出。LOD的定义通常是BIM执行计划的一部分。

七、缺乏工具生态圈

导致问题的最主要原因很容易被归罪于软件供应商。他们频繁向全世界许诺软件的能力，而事实上，在软件功能上还真的有可以怪罪的地方。就其本性而言，软件开发商一直在增强其产品功能以保持市场份额。当BIM工具时代到来时，软件供应商就迅

[1] LOD有两种说法，一则是关于开发进展情况的（development），一则是关于细节的（detail），两者都是对于某种对象的细度进行分级定义。在传统建筑行业本来就存在许多不同角度和侧面的细度标准，如方案图、扩初图和施工图有着显著不同的信息内容，从粗到细，于是相应的成本估算也有着不同的精准度。但是这种量化的细度等级定义在国内还未成为一种习惯和共识，而在BIM过程中这又是一个最基础的设定，无论对于建模还是信息收集录入，几乎所有的BIM工作都会涉及要首先定义这个LOD。因此，在国内，由于BIM的推行，正在反向地影响着传统建筑行业进行更加细致的定义工作，LOD作为一个新鲜事物随着BIM而进入国内建筑行业的视野。

速转向重点推销他们的BIM软件功能，如可以做草图设计/概念设计建模，也可以做加工文档输出、三维可视化和导出数据给FM用。

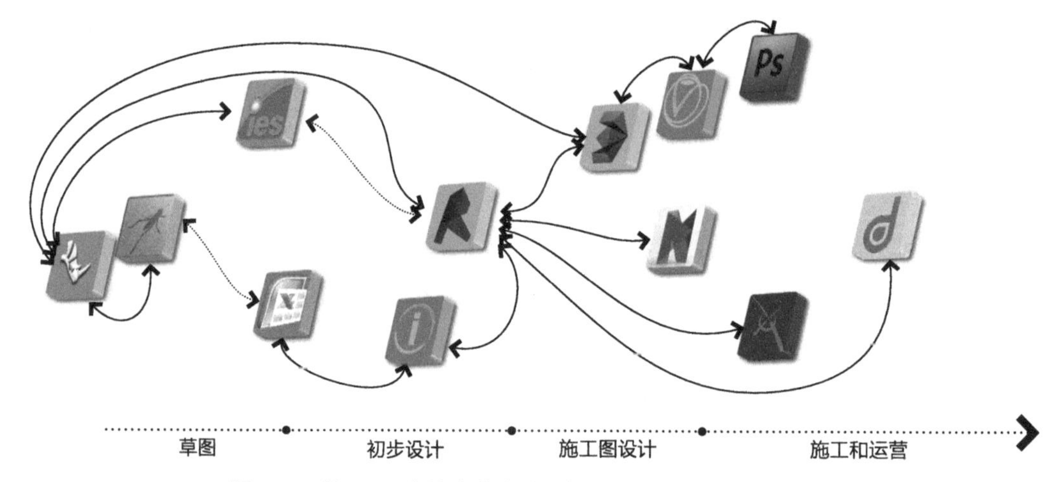

图 1-9 以 Revit 为核心节点的且与 BIM 交付相关的工具生态

也许是真的，但问题是“百事通”软件就真的能解决所有的设计/工程/协同问题吗，尤其是数据整合问题。当BIM建模师[⊖]试图努力用一个模型和一个单一软件平台去解决所有的设计问题时，问题就涌现出来了。

这里就是富有经验的BIM经理应该介入的地方。他们知道何时、怎样着手在最合适的路径上结合工具和信息流，以完成特定的任务。他们清楚如何建立一种工具的生态圈，调适好数据和几何信息的传递流程，在既定的工具组合或多个平台上最大化协同。

八、建模但不理解

许多项目上BIM走向失败是指：那些创建BIM模型的人，他们在努力付出，但是似乎却并不知道他们所建议方案的后果。咨询师也一样，通常会做“设计意图BIM”的工

⊖ BIM authors 不宜翻译为建模员，他们的确是创建模型的人员，但他们实际上就是设计师、工程师和咨询师本身，原文就是此意。而不是独立于这些专业人员之外的不懂专业的建模员，虽然这种建模员在我国普遍存在，这是由于传统设计工作一条线与 BIM 团队的工作一条线还没有很好地融合起来，又称为“BIM 双轨制”，本书所描述的主要是国外生产方式的情形，中译本不能与之混为一谈。

作，承包商接手做工厂加工模型，为了生产制造、详图协调及安装。比如一个建筑构件在符合设计意图的成品和与之最接近的虚拟表达之间进行关联，就总是一件让人觉得很棘手的事。即使是一个已经解决了空间上的协调冲突问题的模型，也仍然无法确保成功。这需要施工和运维的可行性的知识，才能确保BIM在LOD400的水平上是正确的，诸如此类的知识，就算是没有顾问甚至于承包商，也需要大量的来自工地现场和预制车间的经验。无论带有多么好的意愿的BIM，只要是不懂这个项目最终是如何建造的、特定的组成构件最后是如何运行维护的，就开始去建模了，那最后肯定不会成功。

九、模型不准确

与缺乏理解相并列的不足是与之相关的一个问题：几何模型的准确性问题。这种准确性问题在于，BIM的各式各样的组成构件很多，它们的组装又与项目阶段和施工建材相关。设计意图的BIM试图以低于施工BIM的准确度来交付，不能指望设计和工程顾问们知道精确的施工涉及的各工种所容许的误差。这些施工的工种始终是有责任校正图样和尺寸上的问题的，即使是虚拟的模型构件，它们最终代表着工地上将要被安装起来的真正的设备。

十、超级黑客

BIM经理上岗之后学到的第一个词就是“变通办法”：一种在BIM软件建议的标准方法之外的用于达到特定目的的BIM建模方法和文档操作方法。变通办法是BIM经理必备的，有许多网站里面有此类指导，点对点的支持和沟通方式已渐成文化。原则上，变通办法可以被视为一种积极的选择，以扩展那些被既定软件的工具架构所限定的功能。在许多例子中，软件开发商也从用户普遍使用的变通办法中学到了东西，并且有选择性地整合到他们产品的新版本中。

变通办法如果变得太过于复杂，或者当它们导致了过于复杂的解决方案以至于只对单个建模师有用，就会失败。它们没能扩展到整个团队，即使有一方得益于这个快速的补丁，供应链下游的其他方却要为此承受不利后果。幸运的是，BIM部署失败的案例经验很多，且易于匹配到实际工程中的那些积极的经验。那些提供了“坏BIM”案例的关键清单的受访者们非常热衷于分享他们的成功经验，如在BIM中工作时应当努力去做哪些事？哪些通过BIM进行协作和项目交付的方法，可以承诺提高效率和协作效应？怎么才能保证用一个BIM工作流就能收获一片等。

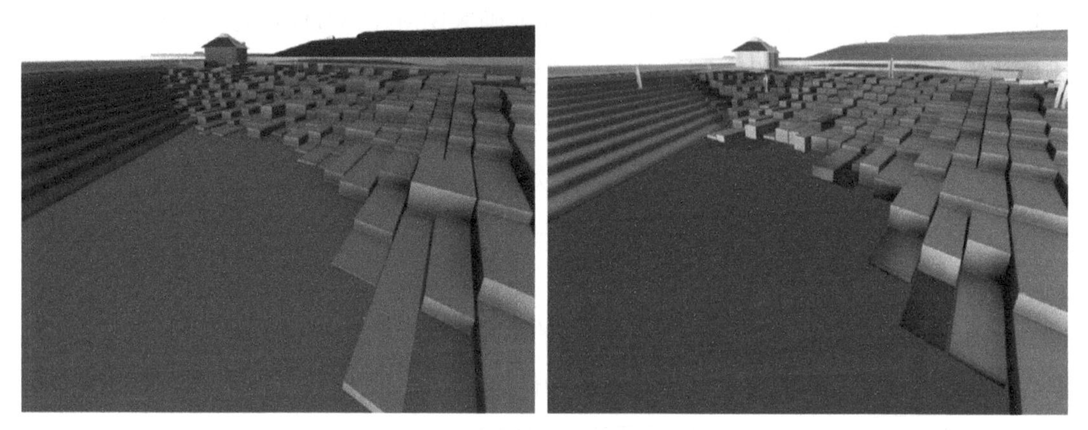

图 1-10　Barangaroo Headland 公园前滨，用 3D 可视化视图比较建筑师和承包商的石块布置方案

第五节　如何正确地运用BIM技术

优秀的BIM经理们是怎样正确地做BIM的？作为受访者，超过40位设计技术专家和BIM负责人描绘了一个清晰的图景：如果你想正确地做BIM，你就首先必须为甲方着想。BIM最佳实践的第一条就是给甲方提供更好的产品和项目最终产出的更加确定的效果。“确定性”在这里是指以下这些方面。

首先，BIM通过不断提高的可视化技术，交付给甲方一个更好的对于他们项目的认知理解。BIM也增强了设计团队的能力，以更早地考虑项目的环境可持续性。当在工地现场使用BIM流程后，对于规划和施工过程就有了更加牢靠的成本控制能力。还有，BIM使得施工计划和工序更加透明化。最后，那些使用了BIM的项目能够从建设阶段传递信息到运营阶段。

已经在用BIM的顾问和承包商一开始可能会对BIM产生惊讶的地方就是强烈地聚焦于甲方收益。BIM世界里的操作很少代表着甲方利益，如果考虑到了也符合常理，作为建筑行业的一部分在全生命期的方法中推动BIM。这也意味着最佳实践BIM并不是孤立地起作用的，而是需要在整个项目团队内进行协作。仅次于甲方满意度的，无疑是设计施工中的顾问和承包商协作，这与BIM负责人最为相关。整个行业正在学习新的BIM应用方法，不仅是对于每家单位自身，也更多的是跨越顾问和承包商机构之间。BIM越来越多地用于促进现场的施工过程，就像4D规划正在成为优秀实践经验（甚至于是最佳的）。

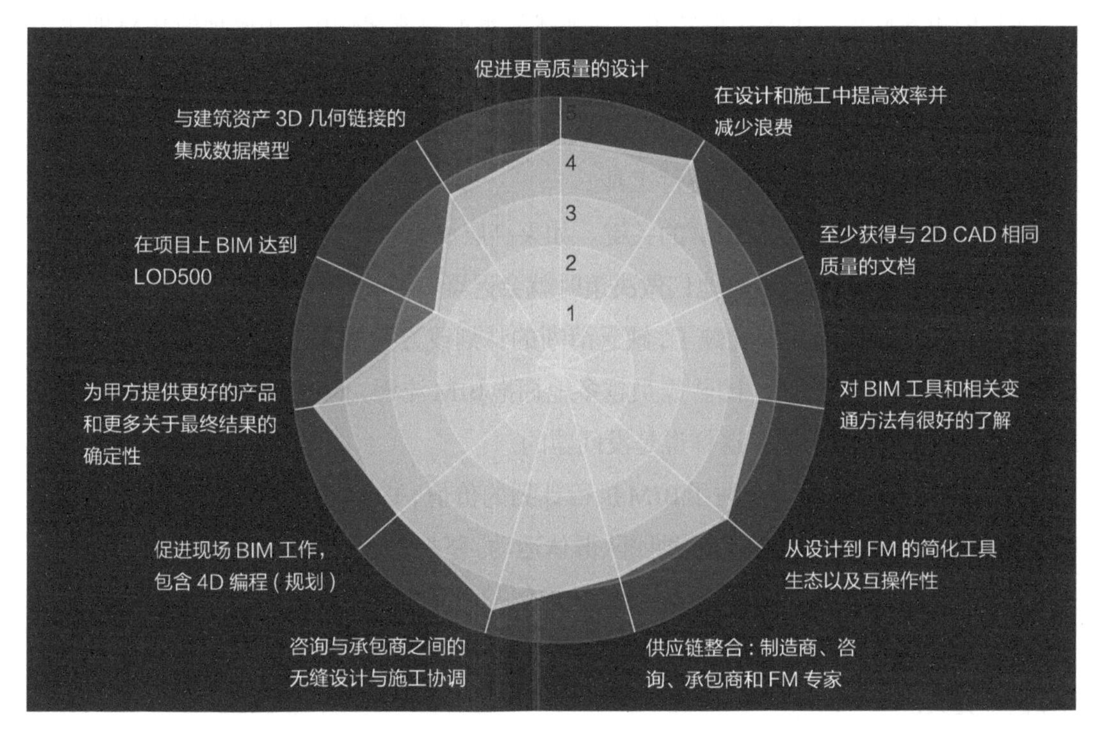

图 1-11 行业专家对最佳实践 BIM 构成关键要素的回应

BIM的全球领导者已经相信BIM的最佳实践可以减少设计施工的浪费，这是一个绝对优先的因素。这是对过去五十年西方国家逐渐降低的建筑业生产率的响应，BIM带来了一线希望。相比于其他非农业的行业，建筑业的离散性质导致了加倍的工作和不够协同的交付方法，这都带来了低效率。

BIM专家都强调需要精简工具的生态系统和实现从设计阶段一直到运营管理的互通。传统的项目交付模式通常不考虑供应链整合和工具基础设施的一致性，以促进信息传递从概念设计到运营。受访者看到在制造厂商、顾问、承包商和FM之间进行供应链整合的压倒性优势。受访者支持一个完全集成的数据模型与三维几何模型的思路，他们强调这是BIM经理的需求，他们最熟悉BIM工具及相关的变通办法。BIM经理并不相信这是BIM的高优先级要求：要求至少达到同等质量的按二维CAD交付方法出图。

那些假定良好的技术和设计相关方面的BIM知识能够提供成功实施BIM的确定性的人们，要重新反思一下这个假定了。在前述的悉尼海滩案例中，正确地做BIM取决于一系列不同的条件。BIM起到作用的主要驱动来源，是确保得到来自公司或项目高管的激励和支持。改变公司或甲方负责人的习惯经常是十分必要的，这是为了让他们理解BIM不仅是简简单单的三维交付工具。

高层的全力支持是实现BIM的关键。如果高层没有意识到，没有参与进来，或是关于BIM战略还持有疑问，于是他们做决策时就会迟疑，实施工作就容易在微观层面管理中陷入泥沼，这就是第二个议题了，缺乏清晰的计划或方向指引。另一个成功部署BIM的先决条件是团队的态度。团队成员越多地拥抱BIM流程，他们对需求沟通得就越好，BIM就能提供越大的机制。这样说是没问题的。

团队相当数量的成员低估了BIM执行计划的价值，BEP是为了发挥BIM应能提供的全部潜能的。把BIM理解为一种团队群体运动，坚持指导原则，这对某些公司并不是那么容易接受。这需要一个将集体利益置于个人之上的渐进成熟的过程。行业专家的反馈是：鉴于存在这样一个逐渐成熟的过程，所以部署最佳实践BIM一般需要三到四年，甚至更久。

如此之长的普及期，原因之一就是缺乏清晰的方向性指导，或来自甲方方面的“拉动”。公司推动朝这个方向走，却没有充分认识到BIM是甲方终极目标的体现。甲方扮演着一个关键角色，正是他们在项目上建立了无所不包的BIM目标。随着定义清楚到底这些目标是什么，甲方（当然仍然是为了他们自己的收益）提供了团队，建立了工作努力的方向。

第六节 BIM对标

用什么度量指标可以衡量BIM的质量？其中哪些是关键指标(KPI)?

一、宽泛的政策

人们对于BIM效能的量化评估问题已经争论了很多年，在政策和行业层面上，一些政府部门或行业组织开始拆解BIM，进行了一些层次和阶段定义。有些案例中(比如UK PAS1192)，全生命期视角的BIM已经获得很高的优先级地位，另一些案例中，衡量标杆(benchmark)被缩小范围，更多地要立竿见影见到效果和方向明确，以满足特定部门的需求，比如美国联邦政府的总务署(GSA)的策划级空间需求规划，或呈交BIM给新加坡建筑工程部(BCA)的用于方案审批的流程。

BCA要求达到一定规模的新建工程，在建筑设计和工程咨询审批时强制使用BIM的电子化提交方式。

这些指导方针经常是提供了一个无所不包的框架，给BIM经理和他们的团队指明了特定的方向。他们身处十字路口，而这些指导方针就像顶塔一样，带领他们走向高效率的BIM应用。但是还有更多的需求要被考虑，对于BIM经理来说，关键的交付成果对应于他们在项目上的产出。BIM经理在日常实践中最被关注的是什么？他们如何测量这些成败？这里有四十多位BIM经理提出来的度量标准和衡量标杆。

二、测量日常工作绩效

这些成果都强调了一个关键点：凭借一个简单公式就能达到最佳实践BIM，是不可能的。排名最前的BIM最佳实践都不一样，从利益干系人到项目都不一样。

如果我们相信来自专家的反馈意见，那么对于成功的BIM最相关的度量指标就是扩大视野向外看：甲方满意度！正像全球性工程公司AECOM的BIM企业经理Dennis

Rodriguez所说的：一个数据模型的完全整合是因为甲方在FM管理和操作中使用它，这对于BIM的真正价值的市场认知来说是最基本的。因此一个关键标杆就有了，那就是能够经由BIM生成的可用于甲方FM目标的数据的质量。

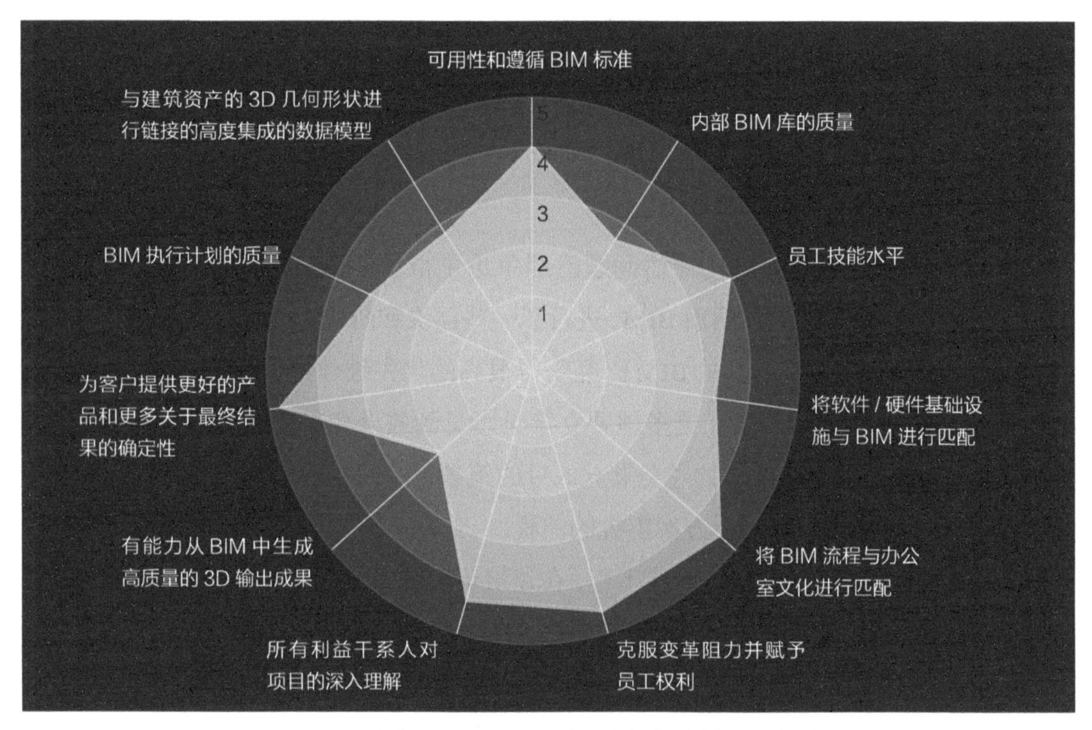

图 1-12 行业专家对适用于 BIM 最佳实践的指标的回应

澳大利亚最大建筑设计公司HASSELL的全国BIM经理Toby Maple，增加了一个促进这种移交的重要先决条件，即项目团队清晰表达“价值”给各方利益干系人的能力，无论是给甲方、咨询、承包商、业主、FM专家或其他人。

最优秀的BIM经理都同意项目协作过程中的图档质量和项目平滑交付是BIM背后的一个重要的驱动因素。洽商事项和工程征询单(RFI[㊀])或变更单数量的减少也是一个可以被量化测量的改进因素。更进一步的标杆就与减少浪费相关了，如避免从添加

㊀ RFI是国外工程界的常用做法，约相当于国内的工程通知单，但又因为国内外法律和工程管理模式的巨大不同，而导致内涵、责任边界差异很大。

了各方干系人活动信息的共享协同模型生成那种单一应用的模型。Arup公司的Casey Rutland在伦敦指出还有这个因素：考虑协同的和目标精准的BIM工作可以做到将合同文档和项目管理文档通过约定被一致化并且用起来。

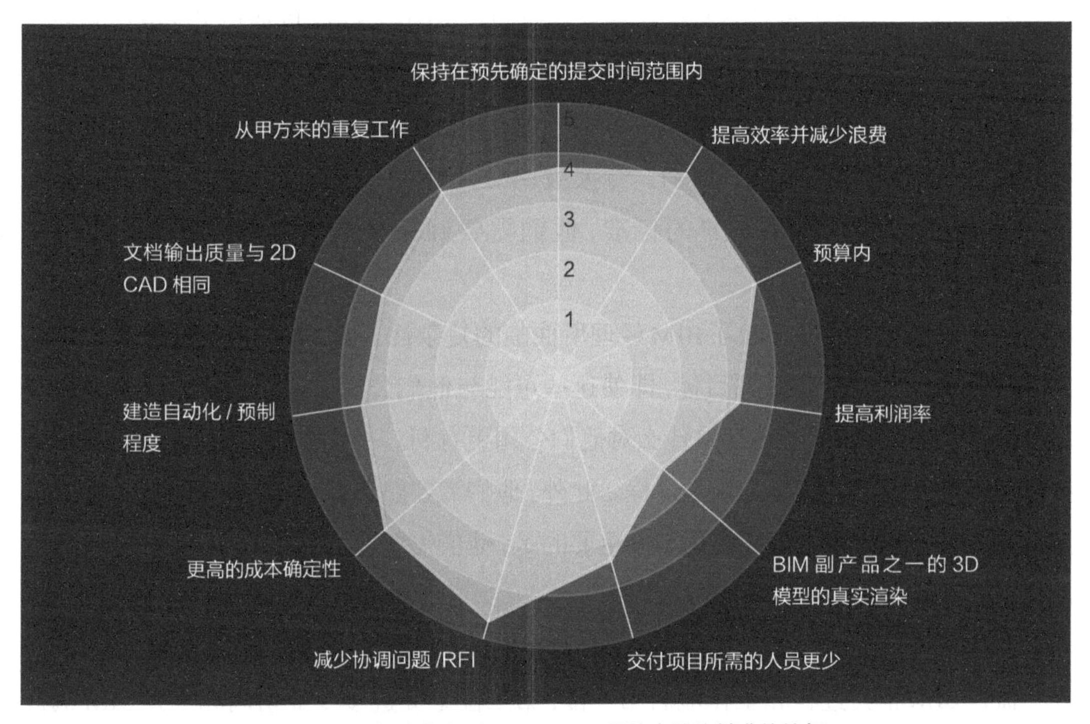

图 1-13 行业专家对适用于 BIM 最佳实践的基准的答复

遵循良好配置的BIM指导文件也是一个最佳实践BIM的标杆，如BIM执行计划的EIR文档。更高的成本确定性和风险降低，与减少浪费高度相关。YTL公司的BIM专家Adam Shearer在马来西亚科伦坡 Kuala Lumpur（Malaysia）是这样描述风险问题的：最佳BIM实践是关于使用创新技术去预先防范风险、降低风险，给利益干系人和甲方带来效益。

其他一些最佳BIM实践的量化指标与企业组织内的标杆有关，也就是公司内的企业文化上的来龙去脉。经验丰富的BIM经理要把克服变革阻力、使工作人员提高能力作为主要目标。这个启示指向一个与BIM相关的重要的文化方面：在实施BIM时要联合变革管理来一起协作的重要性。在组织内和组织之间实施BIM时，大家都很重视技术方面，但文化方面往往被忽略，包括与变革管理的相关性，本书有专题论述它。

提高员工能力是一个深思熟虑的变革管理策略的关键因素。BIM经理是这方面的专家，他们的一个关键任务是传达和分享他们知识的一部分，以使员工能够更好地完成任务。如何衡量这种知识转移？如何确保BIM经理能够提升员工们所做的工作？有时，提高员工能力是在BIM经理给大家进行日常辅导工作时的一部分，有时它也不直接反映在“家里”(是指在公司内)。专家级BIM经理把BIM标准的可用性赋予很高的优先级，他们负责建立这样的标准，他们需要确保员工在整个组织内部统一使用它。

当前问题的多样性反映了BIM经理所面临的复杂性。一方面，他们的任务是帮助实现一个项目上的全生命期目标，即使这些可能与他们公司的高层管理人员的理解有所冲突，因为公司最关心的还是什么对他们公司更有利。另一方面，他们还要非常了解在高度互动环境中的设计和施工过程。此外，他们需要熟练地使用一系列软件，并了解如何有效地把它们结合起来使用。最重要的是，他们需要成为优秀的沟通者，要有出色的人员管理能力和沟通技巧。

问及与BIM经理最相关的任务时，专家解答如下：

监督BIM相关过程和工作流居第一位，第二位是促进多专业协同和开发BIM执行计划(BEP)，第三是把办公室/项目的领导要求和BIM建模任务相互连接起来。BIM经理的基本工作是确定信息和知识管理的标准，他们需要强烈地参与到协助公司挑选正确的新员工中去。

BIM经理对于提供专业支持的文化观念是至关重要的，BIM经理需要提供让大家都不断成长的支持，而不是试图自己做所有的工作。当被问及这个问题时，专家级BIM经理对于“帮到底”在所有可能的答案中排名最低。

那种期望通过BIM经理来“拯救”自己的，BIM经理其实已经在给他提供项目上的支持了，如果BIM经理帮的太多了，这项赋能工作(Empowerment)就没有效果了，这是整个行业所面临的问题。BIM经理和公司领导之间的沟通必须要很通畅，要确保有一个公司领导来介入分管BIM方面，这是BIM专家们所强调的最佳实践。

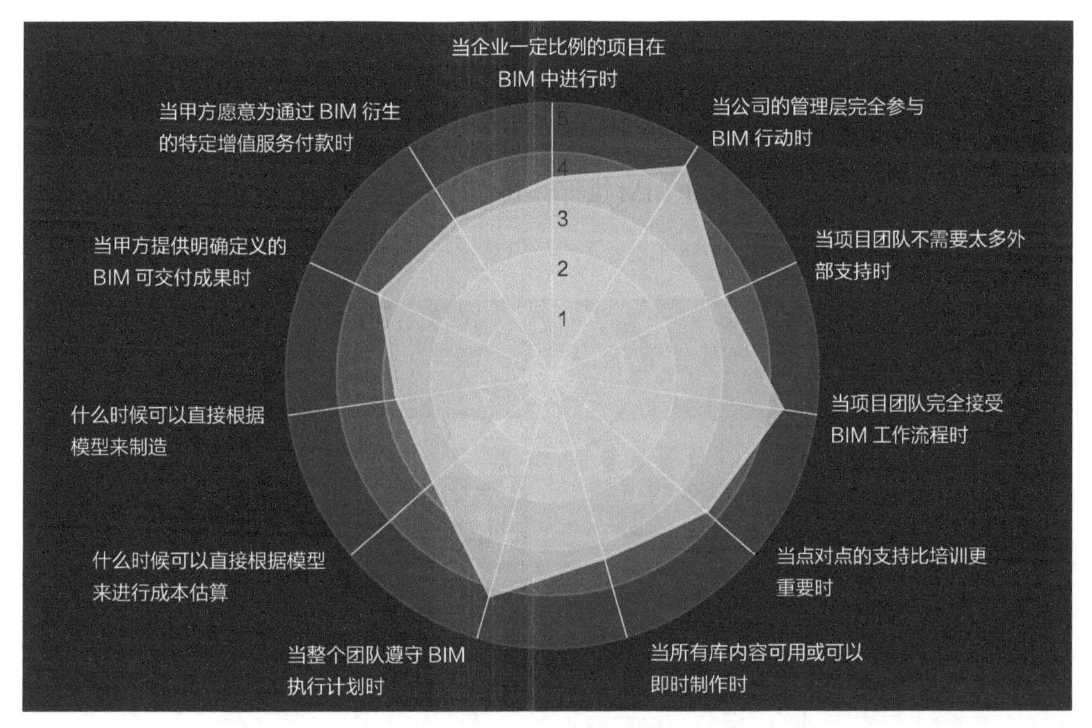

图 1-14 行业专家对实现 BIM 最佳实践的临界点的回应

三、关键绩效指标（KPI）

BIM经理要考虑一系列的关键绩效指标(KPI)，但是BIM经理很少能衡量甲方满意度，而它正是BIM经理以最高效率要去达到最大化工作成果的终点。研究成功BIM的KPI，就能看到一些记录可以证明项目成功的所在。一旦一个组织已成功交付了几个使用BIM的项目后，那么BIM经理就可以处于一个更好的位置来展现工作成效，如有形的工程图成果、3D渲染效果图和数据成果。展示一段已经完成项目的精心调试的高质量的BIM成果，其效果要比解释BIM可以减少纸质文档好上千倍。

另一个指标是BIM模型和2D图档输出的交接(或考虑承包商的BIM时的4D/5D进度和成本)。最好的方法是确保建模师坚持使用一套明确的BIM标准，对应着一个配置好的、标准化的、精益的BIM内容库。如果进行了正确的设置，模型信息通过使用结构化良好的视图模板或过滤器，可以在很大程度上自动生成2D图档，类似的，还可以延伸到工程协调和策划软件以及工程算量中。这三位一体的信息(标准、BIM内容库和视图模板)可以扩展到服务于全生命期受益。随着不断增加的数据集成,2D输出物变成了一个副产品,从技术规范到施工图、施工过程、调试,再到运行与维护(O&M)。BIM经理需要使用内部的BIM标准来制作BIM执行计划,帮助规范化多专业的协作过程。这个模板文件的质量就是另一个KPI。

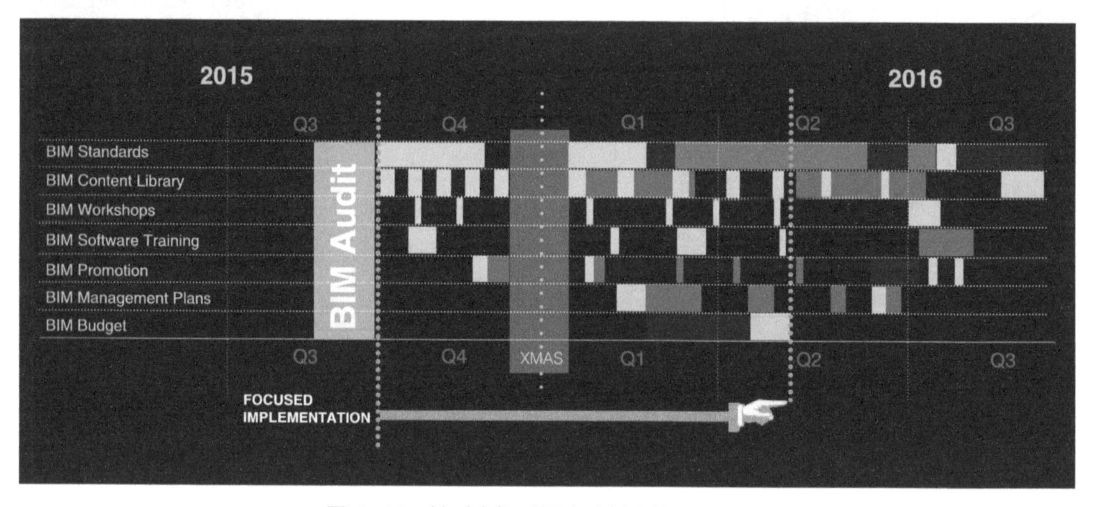

图 1-15 针对实施时间表映射出的 BIM KPI

所有这些BIM标准、结构良好的BIM内容库或视图模板,只是作为有用的制度来推行,以确保利益干系人坚持在日常工作中正确地使用它。BIM经理需要历经一个监控和质量保证(QA)的持续过程,于是BIM经理的进一步KPI指标,就是BIM经理的合作者们(比如模型管理员或协调员们)的汇报水平。定期的BIM模型审计会议,对于关键利益干系人来说就像周例会一样至关重要,利用这些会议,BIM内容库内容需要不断被核查,BIM标准也应定期进行修订。

在BIM的语境下,BIM经理技术水平的关键绩效指标可以分为这几个方面:参与招聘工作的水平、新入职员工在BIM技术上的导入过程的可用性和质量,以及促进同事所需的BIM技能的策略水平。此外,无论在公司内部和外部进行推广,BIM经理还要负责整个公司的BIM能力。定期的内部通信和汇报演示非常重要,同时,为了招标等所做的BIM能力陈述也是必需的,任何公司都不能忽视外界对他们BIM努力的感知。在某些情况下，BIM还会成为赢得业务的首要前提。

通过设计技术与信息技术来汇总和分组处理各种成本费用，BIM经理可以让一个公司的预算与BIM关联起来，财务预算就开始变得不再那么神秘了。设计技术预算从而成为关键的盟友，使得BIM经理可以建立业务项目的立项，核实经常性费用，并进行战略性的前期规划。

到目前为止，还有一组主要的指标仍然没有涉及，它们是关于BIM经理指导一个公司来经历变化的能力。本书第二章都是变革管理方面的主题，会讲到当BIM这类高颠覆性技术引入时，潜在的社会、心理、经济和组织的影响。

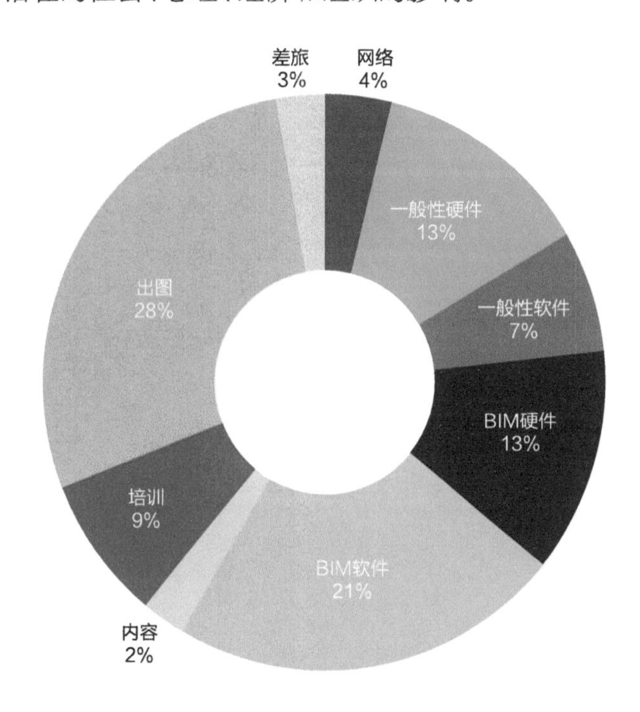

图 1-16 建立设计技术预算，列出关键成本因素的清单

第二章

变革管理

在思考BIM时，我们会立刻将技术作为BIM经理需要考虑的关键因素。然而，在组织层面上，一名称职的BIM经理不仅需要有技术，还需要有指导和管理变革的能力。BIM经理作为变革推动者的角色非常重要，本章将指出BIM经理如何正确地做到该角色。

想象一下以下场景：与一群正在讨论各自角色的BIM经理坐在一间屋子里，来自不同专业背景的经理同伴们就他们的日常工作正在进行非正式的聊天。他们可能会指出他们一直关注的一些新发展。毫无疑问，在某些时候，讨论会集中到他们在组织中所面临的困难，如反复解释他们做的是什么、为什么这么多钱花在技术上、他们负责的管理费用，以及他们要把BIM的信息传达给高层管理人员和团队领导的重重困难。在过去，以上困难一直是BIM经理遇到的典型困境：反复定位和证明他们在组织中所做的事情是正确的。而现在，在某些情况下，以上困境中面临的问题依然存在。其实，总的来说，这并不是一个与BIM经理本身相关的问题，而是一个在传统行业中引入创新和变革所带来的有关影响的问题。BIM经理往往忽视这个问题，实际上他们负责管理变革。

本书的第一章"BIM的最佳实践"制订了一套标准，帮助BIM经理在实践中制订BIM实施基准。第二章是第一章中引入的一个关键论点：正确的变革管理是BIM成功和持续地扩散到任何组织的关键因素。正如这里所讨论的，变革管理是任何想要在短时间内进行实质性变革的组织中的一个基本过程。其目的是尽量减少组织内部对变革的抵制，并协助受影响的人应对变革。

第二章首先从创新和变革的角度讨论了技术对组织的影响，变革管理的要求将作为BIM实施时促进变革的更广泛影响的组成部分。然后继续提出和讨论与变革管理相关的主要文化问题，并提出具体的行动建议，以帮助BIM经理在作为变革推动者时常常遇到的"坎坷"旅程；并根据顶级从业者的经历，阐述一些帮助BIM经理克服来自同事阻力的方法。最后，本章将提供一些技巧，为BIM经理提供有用的工具，以补充他们变革管理的工作。

第一节　一项驱动创新和变革的技术

在过去的20~30年，AEC行业信息化越来越快、数据量越来越大，为我们设想和交付所承担的项目提供了新的方法。在拉斯维加斯举行的2005年友邦保险（AIA）大会上，著名的美国建筑公司Morphosis的负责人托姆·梅恩（Thom Mayne）预测："你需要做好准备，迎接下一个十年后你将无法认识到的职业，而下一代职业将占据这个行业。"梅恩还强调了利用信息和通信技术丰富设计和施工过程的潜力："存在一种新的媒介，一种连续性的、流动的思想，一种从生成思想开始，通过施工，协调数百万位离散数据的设计方法。"

新技术和相关工具具有变革性特征，影响到整个供应链和主要利益干系人如何在建筑项目上相互作用的业务模式。数字创新促进了设计实践以及施工和采购的组织变革。因此，信息和通信技术（ICT）的管理在当代实践中越来越相关。有人认为，建筑业的专业化进程、技术应用的增加和当代建筑项目的复杂性之间存在着直接的关系。

自从CAD引入主流实践以来，信息和通信技术的管理主要由组织中的信息技术专家或部门处理。组织内部的IT和设计/工程活动之间的分离是正常的，IT部门仍然扮演着辅助角色。信息技术专家将建立和维护一个组织的硬件和网络基础设施、通信和设计/工程/文件的软件环境。

越来越多的BIM应用带来了新的责任分配：BIM引发的变化所固有的准确性源于与其核心概念相关的颠覆性性质。BIM致力于建设项目的整个生命周期。它的使用，开辟了在利益干系人之间沟通和交换建筑信息的渠道。这些利益干系人以前一直坚持在整个供应链中单向传递信息，除了少数例子外，这些利益干系人专注于他们自己的拼图，而没有过多地考虑将全生命周期考虑因素集成到他们的计划中。

围绕BIM的技术正在改变这一观点。提高互操作性有助于增加在更广泛的利益干系人之间交流信息的潜力。在21世纪的第二个十年中，我们越来越多地分析和回应如何从运营和维护（O&M）到施工、工程、设计、可行性和建筑部件制造（最终与运营侧合拢）的供应链中进行逆向工作。在项目级层面上，这些过程中固有的信息需要管理，建模和协调过程则需要那些能在技术和组织文化之间提供最直接接口的人进行强有力的指导。过程中的这一变化意味着人类在项目上的交互方式发生了重大的文化转变，无论是在组织内部还是在他们自己的团队内。在多学科交叉的项目层面上，这种互动越来越多地受到BIM执行计划和其他准则的规范。如果团队的目标和法律框架之间由于出现紧张关系而引发冲突，那么就会出现一个关键的挑战。在个别组织内部，紧张关系也会由于员工对技术的投入程度不同、相关的技能范围不同，以及对适应既定工作流程的变化的抵制程度不同而产生。此外，一个组织的管理层并不总是意识到BIM对其业务的影响。

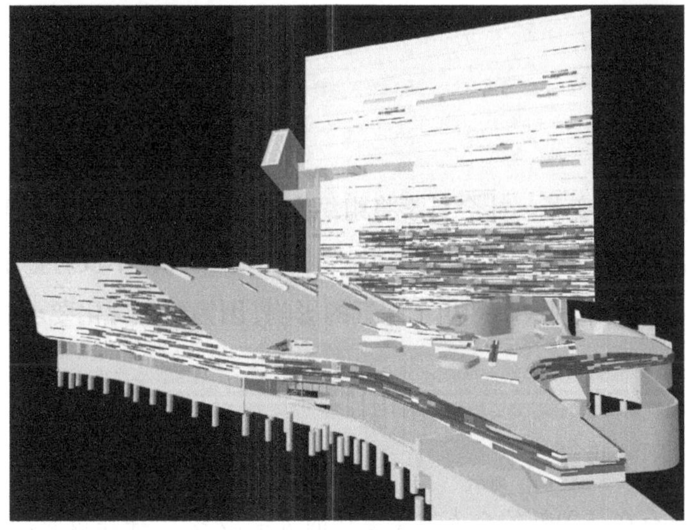

图 2-1　BIM 技术在佩罗自然科学博物馆混凝土外立面上的应用

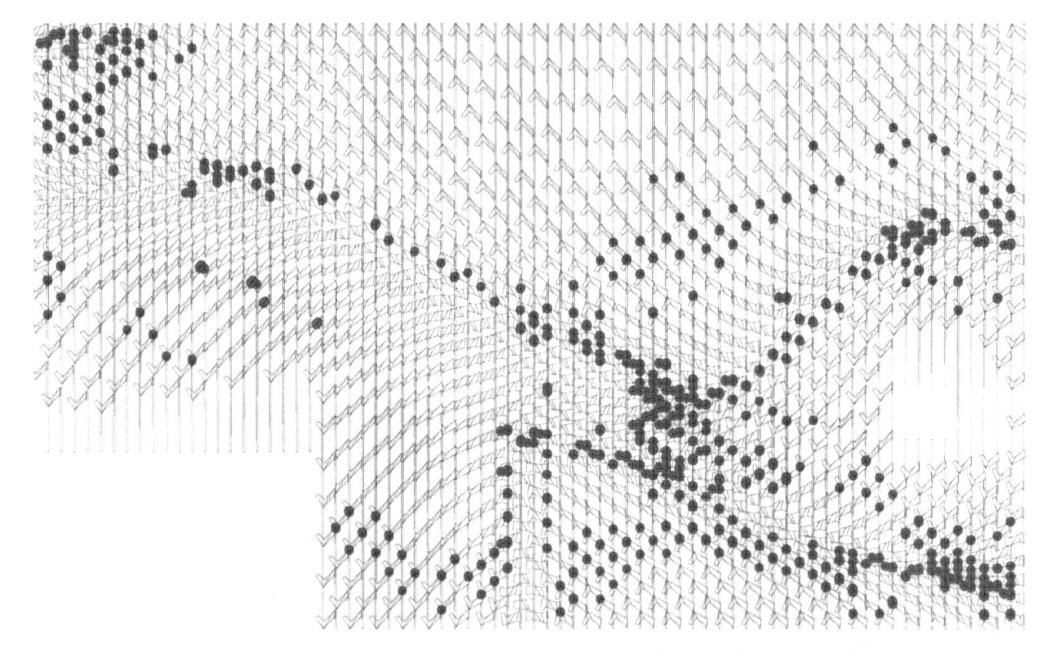

图 2-2 Morphosis 公司的爱默生洛杉矶项目：一个包含 / 体现大量信息的几何模型，包括可施工性、成本计算、制造和设计

第二节 文化变革及其管理

组织变革需要文化变革。社会科学将组织文化描述为：“作为组织集体行为的基础和组织的价值观、信念、责任和期望的群组。”因此，组织文化不仅对整个组织产生了深远的影响，而且也对其个别成员产生了深远的影响，因为组织文化要求他们改变他们的看法和行为。

一、组织环境变革

“一个组织只有在其内部的个人发生变化时才会改变。”在建筑业，有一种倾向是以过去行之有效的方法来处理一个项目；成功交付往往取决于预先确定的“公式”和工作流程，而这些公式和工作流程已证明对所涉人员是有效的。由于建筑业传统上的知识获取不足，这些公式中有许多都存在于个别项目负责人的头脑中。

BIM的出现，对这一“行之有效”的方法进行了仔细的审查。采用高端技术进行信息共享，需要重新思考既定的工作流程。BIM意味着一种更结构化、更少以个人为中心的知识获取方法。这就需要对项目组群进行修订，以帮助管理整个项目组之间增加数据连通性。项目管理层很可能会受到信息管理的挑战，因为需要增加信息管理，以便在各参与的利益干系人之间有效地共享模型。

需要发生什么才能让那些习惯传统方式的人接受新方法呢？如何构建一个能让组织持续变革的参与过程呢？ Tim Fritzenschaft在他的出版物《变革管理的关键成功因素》中提出了与变革管理相关的三个主要阶段。

第一阶段需要对目标有一个明确的定义，并对当前的形势或环境进行分析和理解。关键是要使受影响的利益干系人对导致变革的问题有共同的认识。此外，变革推动者应该有能力向受影响的人很好地沟通即将发生的变化所包含的内容，无论是从高层管理层还是从运营商那里，就变革领域达成共同认识，都将缓解与变革相关的破坏性。

Fritzenschaft将第二阶段描述为变革推动者决定推动变革的能力和责任是关键点。这是员工参与执行变革的阶段。在这一阶段上，确定与促进变革有关的关键组织角色至关重要。这也是需要大部分资源(时间、金钱和人力)的时期。现在是对话和接触的时候。第一阶段使人们认识到需要发生什么以及如何实现这一目标；第二阶段包括一个转变时期，这一阶段对受影响者的认知状况有重大影响。

任何组织变革，只有不断维持其影响才会有效。因此，Fritzenschaft认为，最后阶段是巩固已经取得的成果，这是一个不断监测成果和进展的阶段。

二、BIM经理：变革推动者

BIM经理作为变革推动者发挥着决定性的作用。变革推动者能帮助组织中的关键利益干系人，指导他们应对变革的道路，使他们能够参与影响其职业和个人生活上不断变化的环境。他们的参与是为了确定执行上述三个阶段的远景和方案。首先，BIM经理需要对关键利益干系人在组织内外遇到的情况非常熟悉，在此基础上再开展工作。因为，这些关键利益干系人在技术吸收及其与现有实践的协调方面，有着更广泛的行业背景。

在推动变革的过程中，BIM经理对员工进行培训、指导，对组织进行建设，以使传统工作流程与新方法相一致。同时，这些新方法符合早先确定的BIM战略和技术方向。在这个时期，那些受影响的人很可能会被带出舒适区域，但BIM经理也会赋予他们应对和拥抱变化的能力。

为了巩固各方努力成果，BIM经理需要监测员工对第二阶段引入的特定工作流、标准和其他与BIM相关的流程的遵守情况。对于那些刚开始采用BIM的人来说，一旦出现问题，他们就会重新养成旧的习惯，这是一个显而易见的风险。任何BIM经理都应该声明的目标是：帮助组织使用BIM的好处超过其前期投资的程度。根据 BIM经理及其员工的质量，这一目标迟早会达到。当然，一个完善的战略也将有助于减少他们交付项目所花费的努力。

BIM环境下的变革管理，从本质上来说是一个持续的过程。由于那些刚接手BIM的人将面临传统工作流程的大量重大变化，所以显而易见的是，他们需要掌握一个重要的前期学习曲线。与此同时，即使是那些在其组织内成功实施BIM的人们（有许多参考项目供展示），仍然强调他们在探索的道路上前行。

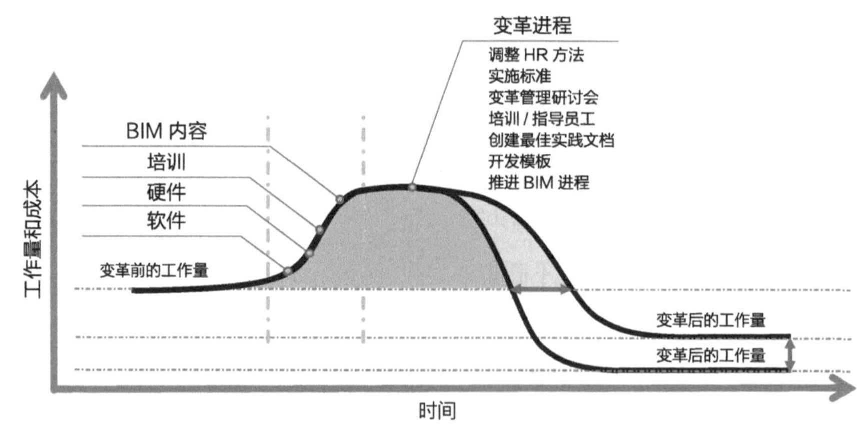

图 2-3 变革管理图（减少项目交付工作量）

BIM不断发展，在整个建筑生命周期以及相关方面进行着广泛地跨越。如果建筑师和工程师应用BIM来促进设计、工程和文档编制，那么承包商很快就会为施工协调和管理提供便利。随着时间的推移，越来越多的客户/开发人员/项目经理/制造商就会参与进来。在不断扩大的利益干系人群体中，信息共享能力不断提高，其复杂性和变革管理的需求也在不断增加。

BIM运用范围的逐步扩大是在过去五至十年中发生的，目前仍在进行中。与利益干系人的扩展密切相关的是允许他们通过BIM进行交互的技术的可用性。因此，BIM经理在帮助促进组织对BIM的实施的响应时，会处理一个移动的目标。

第三节 与组织管理层和管理的接口

BIM对整个建筑行业的传统做法具有很大的破坏性。此外，BIM还正在快速发展。那些刚开始实施它的人在迈出第一步时往往会遇到困难；那些已经精通其使用的人需要确保他们能够跟上快速变化，作为其发展的一部分。从这个意义上说，BIM对整个AEC行业的大部分利益干系人的业务方面产生了重大影响。

然而，管理和领导一个组织的人与那些积极参与BIM的人之间似乎存在着脱节的问题。解决这一问题是BIM经理的职责所在。造成这种脱节的原因是多方面的，但关键因素之一是，与BIM相关的组织变革通常是偶然发生（usually occurs tangentially）的：它既不直接通过员工自下而上的需求（可能少数情况除外）出现，也不典型地产生于自上而下的指令。相反，BIM通常是由咨询公司或承包公司的技术专家介绍的，或者仅仅是由热情推动变革的狂热者介绍的。组织领导者对BIM持怀疑态度的另一个原因是，项目全生命周期中相关的思考有时与组织的直接业务利益不一致，领导者倾向于关注内部利益，而不是对整体项目有益的事情。由于缺乏重新分配费用的修订方案，领导者认为他们所在组织承担工作上的风险超过了他们所得到的报酬。

一、BIM的推和拉

在使用BIM时，不只是应用新的软件来复制我们过去在CAD中效率较低的流程。

在使用BIM时，会彻底改变已建立的工作流、关系和可交付成果。因此，BIM影响了建筑行业内外的广泛利益干系人。高层管理者通常不知道所需的变革类型，以及促进BIM所需的变革程度。由于他们对BIM缺乏认识，他们很难决定要改变什么，选择什么方向，或者如何实现变革过程。由于缺乏客户压力或权威机构的授权，BIM相关的组织变革会被组织内部（Push）所驱动，而不是朝着所呈现出的明确的工作目标而工作（拉）。与此同时，管理者往往对外部因素（如电子市场需求，政策或其他与业务相关的情况）引发的变化保持高度警惕。

理查德·萨克森（Richard Saxon）预测，市场行为将发生的变化，更多地来自客户一端："BIM是一种供应侧现象，以'推'的方式向市场提供变化的表现。BIM如何改变整个行业将取决于客户的'拉'，即市场实际上所寻求的服务。"如果高层管理者没有意识到BIM实施本质上是一项与管理相关的任务，那么对BIM的内部推进仍然会存在问题。管理层常常把BIM误认为是一项技术挑战，最好由IT人员、CAD专家或具有技术优势的初级工作人员来解决。即使存在总体政策甚至强制性要求（全球新出现的政策数量不断增加），也更有可能被BIM经理而不是高层管理者阅读和理解。最后呈现出的结果是有问题的。

二、不了解BIM的决策者

在刚刚采用BIM的组织中，高层管理者与BIM经理的关系有时相当被动，而不是主动参与。在这些情况下，公司决策者、项目负责人和BIM经理与作者（authors）之间的沟通流程结构不完善是很常见的，它仍然是一条单向的道路。BIM的目的及其目标没有得到充分的沟通，很少或根本没有实施和变革战略的基准，BIM对商业的影响仍未得到开发。这些缺陷会导致利益干系人之间出现错误的沟通，以及对BIM产生误解。可能会导致项目负责人恼怒，他们似乎没有得到他们想要的东西，同时也会导致那些感到被误解或得不到尊重的BIM经理们产生沮丧情绪。只要对BIM本身缺乏了解，BIM经理作为变革推动者的角色有时就很难被高层管理者所理解或支持。

根据全球专家级BIM经理的反馈，高级管理层和/或客户缺乏参与是BIM经理需要克服的主要障碍。最有能力的BIM经理即使被最有能力的团队包围着，如果高层管理者一开始就不理解BIM，那么这些最有能力的BIM经历仍然会陷入困境，很可能无法建立出BIM的最佳实践。这种缺乏参与的情况反映在一些典型的例子中。如：对什么是BIM的模糊看法；将BIM误认为是3D CAD；仅仅关注软件和技术；不了解BIM如何影响项目的人力资源或人员配置；招聘缺乏所需BIM技能的员工；对BIM交付过程的好处和特殊性的错误判断；BIM经理在组织中的地位模糊不清。

如何克服这一问题：

了解高层管理者缺乏参与度的原因。

了解高层管理者是如何做出决策的——他们的信息来源是什么？他们信任谁，为什么？

让关键的决策者参与关于BIM的讨论——避免是技术性的。设身处地为他们着想。

确保BIM成为业务对话的组成部分；与高层管理者定期地进行交流。

三、缺乏管理层的支持

管理层对BIM缺乏理解会导致一个更大的问题：缺乏足够的支持！

BIM经理往往没有足够的权力来推动变革并以持续的方式建立BIM体系。然而，如果变革没有发生，或者变化发生得不够快，BIM经理们就会因为缺乏进展而受到指责。这个问题凸显了BIM经理在指导组织向BIM过渡时需要具备的关键素质。他们需要为BIM做一个令人信服的商业案例，并与管理层沟通。

为了获得足够的资源和时间分配给BIM管理，提出一个商业案例是非常重要的。从这个意义上说，资源指的是员工的培训和指导，但也是指与BIM相关的采购的专用预算（软件/硬件、BIM族库等）。时间分配指的是BIM经理离开纯项目工作的时间（例如专注于BIM标准的制订）以及一种理解，即一般的员工需要时间来进行持续的培训、指导或以其他形式参与BIM。Gustav Fagerstrom是一位设计技术专家，他收集了他在几个不同领域和著名公司（如Buro Happold、UN Studio和KPF）的工作经验。他把这个问题描述如下："通常有时间去完成你的客户直接付钱后交代你的工作，或者开发非项目特定的最佳实践和工具，但不是两者兼而有之。"

如何克服这一问题：

学会从管理层中获得信任。

证明你作为组织内的专家所增加的价值。

证明BIM不是创新平台的开销。

明确你与BIM相关的责任，以及其他人的责任。

强调你正在做什么，以及你需要什么样的支持来做好你的工作。

为你希望进行的改变提供业务依据。

建立并阐明与BIM和设计技术相关的年度预算。

四、成为一名经理

与缺乏管理层支持有关的问题是一把双刃剑。虽然BIM经理同意缺乏管理层支持是一个问题，但这个问题可以从另一个角度来看待：任何将“经理”放在自己的头衔中的专业人士，都应该更好地去兑现这一承诺。这里的要点是，BIM经理在某种程度上可以为自己的特殊情况受到指责：他们的技术（或BIM软件）知识并不总是与担任管理角色所需的同等领导的技能相匹配，如沟通技能。BIM经理需要知道如何管理过程和进行变更，而不仅仅是软件。BIM经理认证课程是BIM经理进入更结构化技能开发的途径之一，但是还有更多途径。

管理层对BIM经理缺乏沟通技能感到遗憾，BIM经理们往往很难表达自己的具体需求。独立于一个组织内向BIM经理提供的权限级别，他们仍然负责使管理层能够就BIM做出明智的决定。

如何克服这一问题：

提高你的沟通技巧——如果你能清楚地表达你需要什么，你就更有可能得到支持。

参加管理研讨会，重点讨论你工作上有关具体业务的层面。

获得行业认可的BIM经理认证。

建立可衡量的基准、参考时间表或预算。

将管理技术应用于自己的工作流程中；介绍BIM关键绩效指标（KPI）。

与高层管理人员一起处理与你工作相关的商业计划和预算。

五、学习大堂（Learning to Lobby）

在一家拥有700多名员工的设计公司工作多年的经验，教会了HASSELL公司全球设计技术领导者Toby Maple如何推动变革。根据Toby Maple的说法，为了赢得怀疑论者的支持，有关BIM的话题最好不要在执行会议上临时提出，最好是在战略上增加管理层的理解，并在此之前寻求相关参与者的共同认同。Toby Maple解释说："管理层对BIM及其流程的理解可能与BIM经理的技术水平不同。让多方团结一致、理解和支持你的一个关键策略是在寻求结果之前与他们进行非技术性的讨论。如果你能事先很好地了解问题所在，你肯定会增加达成共识的机会。人们不想看上去不知情，也不想在会议上盲目做出决定！"

Toby Maple还谈到："就提供决策支持的实际过程而言：你需要向管理层阐明改进当前情况的价值，并强调其负面因素；因为成本、资源或不同软件的维护，你需要定义做出某些决策的业务需要。一旦人们意识到你的请求不仅仅是一种激情或情感上的恳求，你所提出的问题会影响到企业的财务状况，这种认识就会给你带来一个"尤里卡时刻"(凡是通过神秘灵感获得重大发现的时刻)。这些人往往会成为你最伟大的拥护者。"

图2-4　Navisworks中的Revit模型，供HASSELL公司协调、审查

建议一个组织的管理层采取一种战略层面方法来实施BIM，在商业和文化层面上解决变革管理的问题。BIM经理是允许这一变化得以展开的关键推动者。需要注意的是，BIM经理需要得到管理层的支持，并强烈参考项目领导和实践创新者等关键工作人员的工作目标。

六、内部人员

按照Toby Maple提出的关于战略性参与管理的建议，打破BIM管理和组织管理层之间的僵局的另一种手段是让管理层内部的某个人担任BIM联络员——一名不仅得到管理层信任，而且具有技术优势的高级工作人员。这名工作人员可以帮助更具有技术倾向的BIM支持者与主管工程师/首席工程师级别进行对话和接触。这样，BIM经理的优势就是拥有一个强力的合作伙伴（上述的高级工作人员），与公司的决策者保持经常练习；但缺点是BIM经理对这种联系方式的依赖，会在某种程度上阻碍其直接接触管理层并获得尊重。如果这名工作人员被其他承诺所吸引，而与BIM有关的问题在很长的一段时间内仍未解决，那么依赖联系的方式也可能是有问题的。

所以，BIM经理的目标应该是直接接触管理层并渴望成为管理层中的一员。目前，实际的案例暗示了组织对BIM经理角色的重视程度在提高。BIM经理职业生涯比较合理的发展道路是成为设计技术负责人（Design Technology Leader），甚至业务主管（Practice Director）。

七、将价值反馈到商业上

作为HDR Rice Daubney的战略BIM经理（Strategic BIM Manager）和副总监（Associate Director），Stephan Langella是少数幸运者之一。当公司内部讨论人们的角色时，Langella的老板向他的同事们传递了一个明确的信息：BIM团队不是间接费用（不与产品直接发生联系的成本）；相反，雇佣像Stephan Langella这样的人是对企业未来的战略性投资。Langella说："你必须停止接受商业文化，将你称为间接费用。你需要宣称你的职位是一项战略投资。企业中一些人认为利用率就等于利润（utilization equals profit），这并不是事实。为了证明你的价值，你需要展示其他人可以参与的实际产出。你需要把你的价值反馈到商业上。一名聪明的BIM经理需要知道如何做到这一点。聪明的BIM经理需要阐明商业案例，并且商业上需要有重点、焦点，否则就有可能会被逼到墙角。如果你只剩下3D文档，你就失控了！我们会继续在我们的组织中实施以下策略：每个项目都有一个负责BIM的人。这个人不一定是一个有能力的BIM技术使用者，但必须是一个有能力的经理。”

正如Langella的例子所强调的那样，BIM经理常常很难为组织提供证明他们价值的证据。

对BIM的投资有多大的回报？BIM商业案例(从一个项目到另一个项目)是什么？如何衡量BIM的成功或挑战并验证项目或整个组织的绩效？如何使BIM的投资回报最大化？

从本质上讲，BIM支持者主张提高文件的产出质量、施工规划、现场和场外施工过程，以及移交和委托时的高质量数据。实现高质量产出的努力因利益干系人而异，因为BIM方法与传统方法相比，其角色和责任会发生转变。最后，费用主要由客户和项目经理根据过时的传统交付方法确定。它们很少反映与BIM有关的前期规划和协调的性质，也很少考虑BIM为客户节省下游成本的潜力。在定义商业案例和相关的投资回报率(ROI)时，BIM经理需要考虑上述问题。

图2-5 2013年度“建设悉尼现场”中的最佳BIM设计（由HDR Rice Daubney公司提供）

虽然存在衡量BIM投资回报率的简化公式甚至“在线工具”，但从BIM中获益往往受多方面影响，而且在不同的行业、市场和BIM成熟度水平上也存在差异。获益还取决于第三方要求，如BIM授权或与BIM相关的政策。软件、硬件、培训或内容(创建)(content/creation)的实施成本可能是阻碍一些人进入BIM的第一个重大障碍。那些人仍然有着陡峭的学习曲线并持续地付出实施成本(特别是管理变革成本)。

设计技术专家Gustav Fagerström分享了个人观点：“这是任何AEC组织内设计技术管理的一个关键难题，无论是更好地保持一个间接成本实体[更多的研发(R&D)空间，更少的项目集成，可能不太容易证明与实践底线和ROI的相关性]，还是一个集成的项目团队实体(除了特定的项目应用之外，研发的空间很少甚至没有，完全集成到组织的计费工作中，并且是交付产品所必需的)。这两种模式在量化和验证相关的前期成本以及投资回报率方面都有自己的挑战。”

八、如何解决这个问题

与项目团队负责人合作，制订交付策略；融入你的BIM知识，以提高效率。

向高层管理解释你管理的内容，以及未能通过BIM实现的目标，给出背后的原因。

制订年度设计技术预算和BIM预算，由高层管理提供资金。

让高层管理人员参与BIM财务方面有关的决策过程。

将高层管理人员的思维方式从把BIM看作是一种间接费用，转向对组织未来的投资。

第四节　克服变革阻力和管理预期

Perkins+Will公司的数字化实践总监(Director of Digital Practice)Josh Emig表示：“虽然集成交付(integrated delivery)在增长，但我们行业的大多数项目仍然使用以狭隘的自我利益为核心、期待规避所有风险、信息不断囤积、筒仓思维严重而且依然处于2D

时代的交付方法。”到目前为止，我们已经研究了组织层面的变革管理，以及变革管理如何受到组织和管理文化的影响。本节讨论变革阻力，因为它既发生在团队身上，也发生在个人身上。当进行变革时，对团队和个人的行为的关键影响主要发生在情感和态度层面上。恐惧在抵制变革中起着推波助澜的作用，如对未知事物的恐惧、与经济损失相关的恐惧或可能变得多余的恐惧。组织行为学通过确定一个人在面临转变时所经历的几种心理状态来解决这个问题。

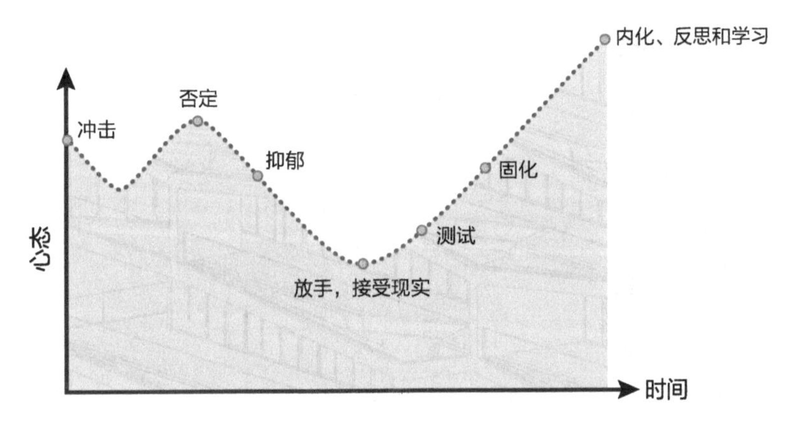

图 2-6 变革管理理论与实践（J.Hayes）

在BIM相关问题上赢得管理层的支持和信赖无疑是实现组织内部变革的关键先决条件。然而，当涉及个人层面上的变革阻力时，还有另一个群体需要注意：中层管理，特别是项目团队负责人(project team leaders)。

一、那个叫 BIM 的东西看起来很棒，只是不在我的项目上

Bjarke Ingels集团(BIG)的BIM经理Jan Leenkengt说：“每个人都会以自己的方式、自己的资产和恐惧来实现文档技术的哥白尼式变革。在挑战的时候会得到各种各样的回应，真正的个性会闪现出来。”

Jan Leenkengt强调了BIM经理在推动变革时尽管从管理层得到的支持中获益良多，但还是要首先考虑如何赢得设计团队和那些与团队一起运行项目的团队的信赖和支持。同时，实际的BIM输出和团队级别的最终用户舒适度最直接地反映了任何BIM技术实施后的成功之处和缺点。Jan进一步探讨了这一点：“一般来说，变革(在合作伙伴、

设计团队成员，尤其是项目负责人层面上推动的变革）的最佳方法是通过实际结果而不是通过‘BIM谈话’或BIM幻灯片放映来实现的。”

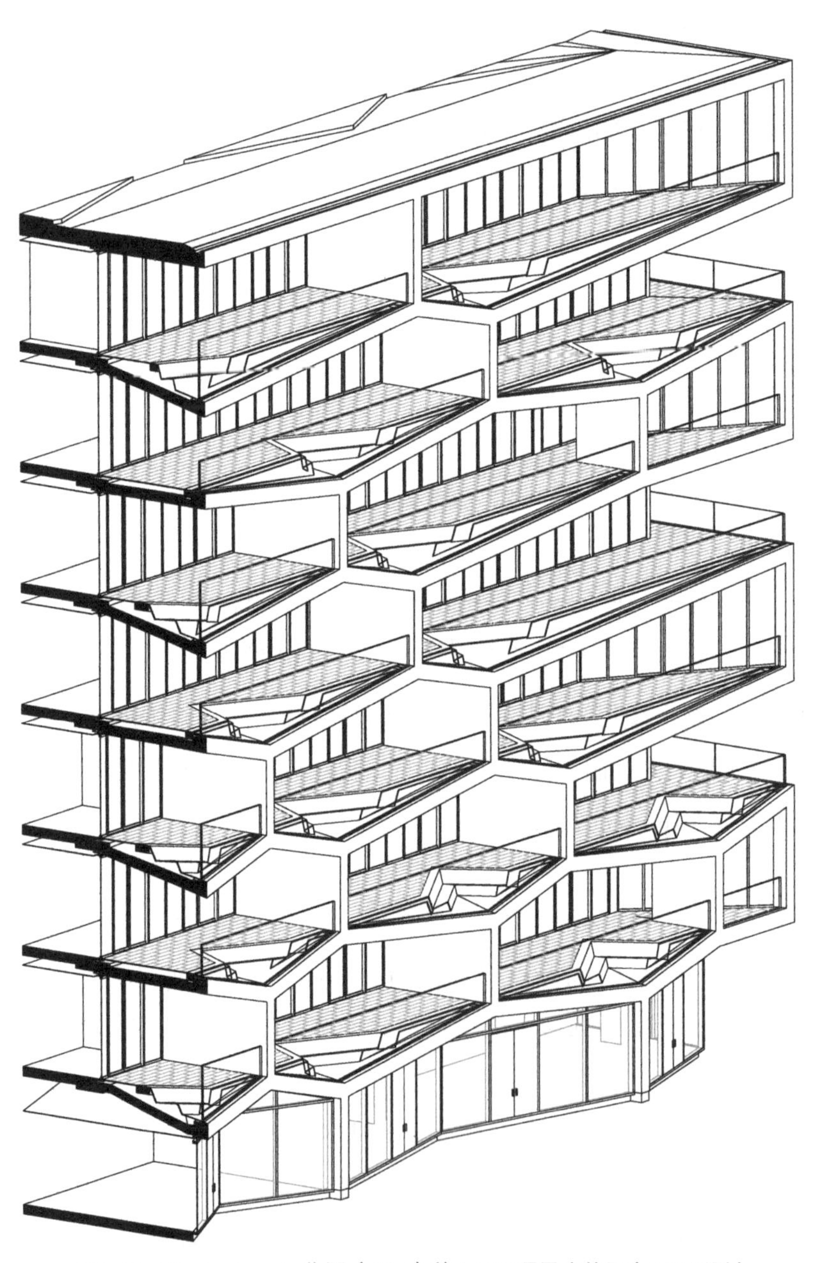

图 2-7　Bjarke Ingels 集团（BIG）的 BHS 项目中的阳台 BIM 设计

图 2-8 Bjarke Ingels 集团（BIG）的 BHS 项目渲染

一份已经完成的、令人赞叹的图样集或一个性能良好的互操作性工作流程，将赢得比世界上所有MacLeamy曲线都多的BIM怀疑者的支持。

另一种方法是，获得设计团队的支持，总是将最终用户的舒适度置于BIM管理舒适度之上。从BIM管理的角度看，一个包含大量工作集（worksets）列表的Revit模板可能看起来很专业，可以满足所有可能的场景，但在大多数情况下，它只会为设计团队增加额外的分配工作。我们为所有建模的元素使用一个工作集（workset）启动我们的项目，并且只在必要时添加更多。在设计开发阶段的一半时间里，大多数项目都能很好地完成这一工作集。

人们抵制变革。他们这样做，是因为他们认为他们已经建立起来的“成功公式”会受到他们不熟悉的方法的危害，而且还没有经过测试。抵抗改变是保护自己免受失败风险的一种自然本能。建筑行业的知识获取往往建立在经验观察和接触过程的基础上。这些知识的进步与其他行业（如汽车制造、航空航天）所采取的以系统为导向的方法相比，形成了鲜明的对比。越来越多地使用BIM作为交付项目的主要方法，损害了通常担任团队领导职务的中层管理人员以前所采用的成功公式。

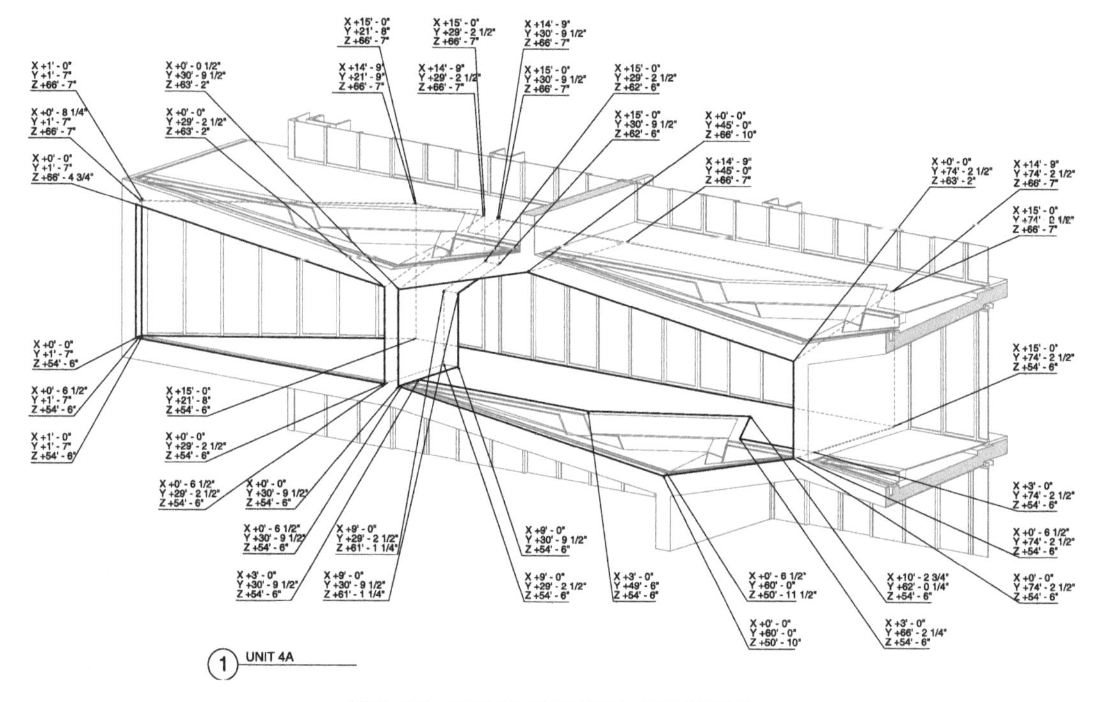

图2-19　BIG的BHS项目：阳台控制点

Hassell的Toby Maple分享了一些相关的见解：

“在项目层面上，当我们对待BIM怀疑论者或团队负责人时，非常关键的一点在于将一些优秀的人聚集在他们身旁，而这些优秀的人在成功使用BIM之前就已经交付过很多项目，因为他们重视同事的意见。作为设计技术负责人(design technologies leader)，即使我已经实施BIM超过十年，他们也不一定从项目交付的角度看待我的观点。他们会信任他们以前共事过的同事。他们会更乐意问他们这样的问题，比如我如何实现3D协调，我如何将我的标记集成到模型中。幸运的是，Hassell现在为员工提供了专业的BIM支持网络。我们很早就推出了盈利的BIM项目，这给了我们足够的成功案例，让

BIM变得具有传染性——从那时起，人们开始在他们的项目上参与BIM流程，并问：我如何才能使用BIM高效地完成我的工作？”

对BIM的支持不仅考虑到个人的个性，而且还应考虑到每个人所期望的变化水平。例如，当查看整个组织现有的和期望的技能时，BIM经理应该绘制出与BIM相关的不同层次的知识，然后确定每个工作人员所期望的变革途径。

那些不适应工作环境变化的人的心态需要改变，这样他们才能改掉旧习惯。BIM经理需要发挥指导作用，减轻那些努力工作的人的过渡负担，并使他们能够成为BIM实施过程的一部分。良好的人际交往技能是BIM经理的先决条件，BIM经理为其他人提供支持，其工作重点往往不在技术，而在工作的其他方面。在文化变革的背景下，超越建筑业普遍存在的筒仓思维（silo thinking）的能力是BIM经理必备的一项关键资产。在其他人往往只看到自己那部分的方程式的情况下，BIM经理需要提供跨越职业界限的愿景和指导，去拥抱BIM的整个生命维度。

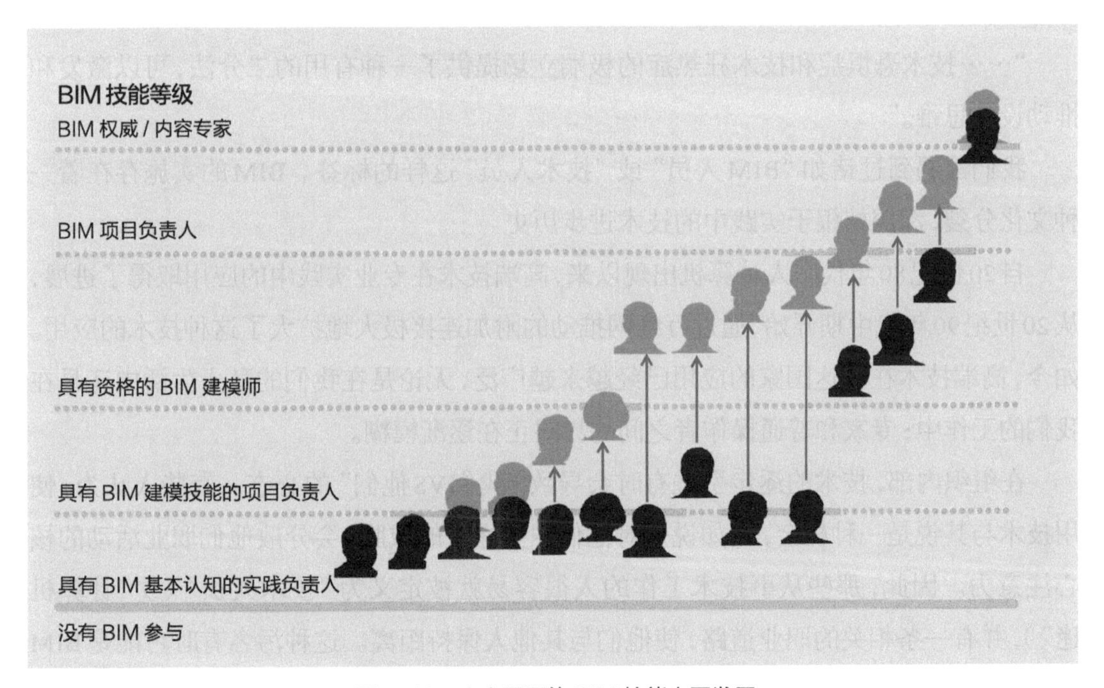

图2-10　个人层面的BIM技能水平发展

如何解决这一问题：

克服变革阻力时首先需要承认它的存在。

正确的BIM管理需要对变革管理有深入的理解。

在多个层次上向您的组织传达BIM的文化相关性：

1）与管理层就技术和BIM以及业务目标进行稳固和持续的对话。

2）与项目负责人定期举行情况介绍会，了解他们的观点及其可交付成果。

3）定期、频繁地指导/监测那些BIM设计、协同信息的人员。

利用BIM促进关于与项目交付相关的优势和挑战的透明讨论。

实事求是地判断每个工作人员应用BIM的途径，并以相关的培训和指导作为补充。

变革管理有大量与其相关的问题；本书第二章完全致力于此主题。

二、弥合“我们VS他们”的分裂

“……技术恐惧症和技术狂热症的极端立场提供了一种有用的二分法，可以激发和推动设计思维。”

我们都遇到过诸如“BIM人员”或“技术人员”这样的标签。BIM的实施存在着一种文化分裂，深深植根于实践中的技术进步历史。

自20世纪80年代个人计算机出现以来，高端技术在专业实践中的应用取得了进展，从20世纪90年代中期开始，通过万维网推动的附加连接极大地扩大了这种技术的应用。如今，高端技术在发达国家的应用已经越来越广泛，无论是在我们的私人生活中还是在我们的工作中；专家和普通操作者之间的界限正在逐渐模糊。

在组织内部，技术的逐步引进有时会导致“我们VS他们”的心态。有些人认为，使用技术与其说是一种机会，不如说是对他们职业操守的威胁，会分散他们职业活动的核心注意力。因此，那些从事技术工作的人很容易就被定义为“技术人员”（或“计算机迷”），并有一条相关的职业道路，使他们与其他人保持距离。这种污名有时可能是BIM经理职业生涯的典型背景。这样的污名可能会受到一些专攻人士的欢迎，他们认为这是他们职业道路上与别人的一种区别，其他人可能很难接受BIM对他们的职业有帮助。

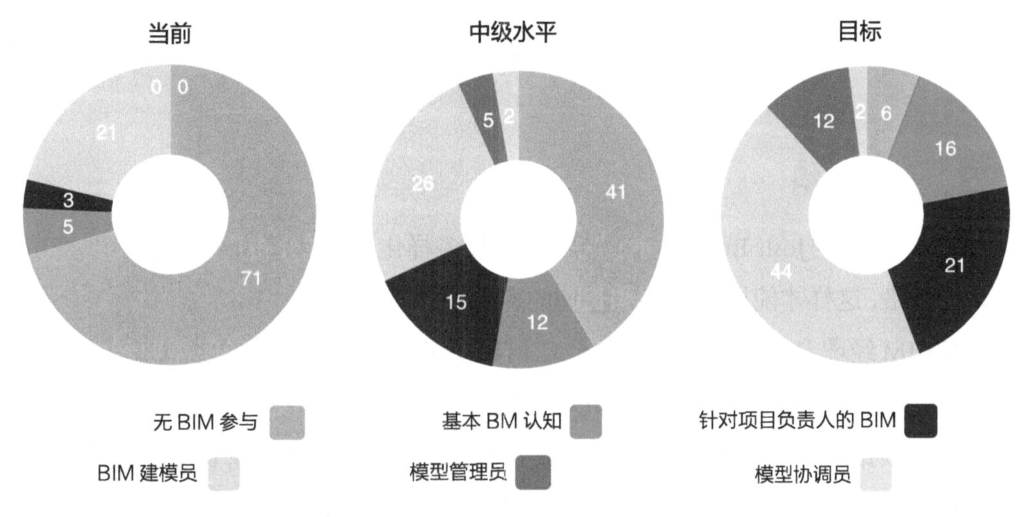

图 2-11 考虑个人优势和组织目标的战略 BIM 技能路线图

例如，有些设计师不希望开发他们的BIM技能，因为他们害怕“模型管理员”或“BIM建筑师”的标签。BIM可能对工程师们至关重要，因为BIM将他们更强烈地推动到设计文档和交付中。承包商可能更喜欢按照他们过去的方式做事，BIM的使用意味着破坏其既定原则，而承包商则认为这是一个很大的风险。因此，那些在承包商公司内宣传BIM管理的人一直在不断地努力证明：BIM的额外收益大于风险。

上述紧张局势的类型可能导致组织摩擦和惰性。同事们一开始可能对技术、变革和更有效工作方法的承诺感兴趣。当涉及调整他们已知的工作方式与BIM流程保持一致时，他们可能很难适应这种变化。某些员工产生的技术怀疑症和技术恐惧症可能是其变化的结果，技术主要参与者和那些不愿与其有任何关系的人之间的界限也被划了出来。

如何解决这一问题：

注重那些关注BIM却没有掌握核心技术的同事，并理解他们的观点。

在同事当中讨论技术怀疑论者甚至技术恐惧症的根源；在某些情况下，他们的焦虑源于缺乏理解，而在另一些情况下，他们是基于无知和对风险的感知或者是与技术相关的误解。

指导其他人与技术打交道，打破技术与非技术思维之间的分裂。

根据员工的特殊情况，战略性地安排你的培训和指导。

三、开发网络

Perkins+Will的Josh Emig表示："一个大型、多样化、地域分布广泛的公司的变革需要强大的网络，这样才能取得初期和长期的成功。"

没有BIM经理会孤立地做。与其他任何组织环境一样，BIM经理需要经常与同事互动，以推进他们所期望的目标，如BIM经理定期与管理层打交道，并与项目团队进行日常互动。根据任何组织的规模及其地域分布情况，BIM经理应密切注意在整个组织内建立伙伴关系和网络，以帮助他们有效地扩大其影响力的范围。大型组织中最糟糕的情况之一是将它们分离成地方利益集团，在这种情况下就失去了协同作用，而不协调的BIM方法则会蓬勃发展。Perkins+Will的Josh Emig分享了他的经验：

Perkins+Will是一家拥有1600名员工的设计公司，在全球25个办事处的10个市场领域工作，办事处的规模从30人到200人不等。在过去的15年中，Perkins+Will的增长是有机增长和收购的平等分配。每一次收购都以自己的文化、个性和工作方式进行。最后，Perkins+Will有一个分布式的公司结构，也就是说没有中央的Perkins+Will总部。我们的公司领导分布在北美的五个城市，而我们的董事会成员代表着更广泛的全球地区。

几年前，当我们重新思考我们的技术工作时，我们的设计技术组织结构由两部分组成：一个主要关注设计软件的实施和支持的公司集团，以及基于本地项目的"设计技术领导者(design technology leaders)"。这一结构的建立是有充分理由的：它允许中央协调，以及以项目为基础的支持，最初的BIM实施和支持始于2006年。然而，随着时间的推移、公司的成长和BIM的采用变得更加成熟，这种结构开始显示出弱点。

虽然公司没有因人才而遭受损失，但公司集团已经脱离了项目。项目负责人、办事处管理层以及项目技术负责人，他们虽然在项目上发挥了作用，但与公司范围内更广泛的工作也同样脱节。我们需要的是办事处网络和全公司网络之间产生更多和更紧密的联系。

通过简单的组织转变，我们在每个办事处建立了技术领导职位——实际上是向办事处领导汇报的当地技术领导，协调项目技术人员的工作，并与我们规模较小的公司设

图 2-12 高性能建筑，如 Perkins+Will 公司在亚特兰大 Peachtree 街 1315 号的亚特兰大办事处，需要多样化的技能和技术视角才能成功实施。强大、多样的内部社会和组织网络是建立成功团队的关键组成部分

图 2-13 Perkins + Will 的办事处项目 BIM 规划包含网络中各个领域的专家，如项目总经理（overall project manager），公司级 BIM 负责人（firm-wide BIM leader），办事处 BIM 经理（office BIM managers）以及代表多个 Perkins + Will 分公司和顾问办公室的项目 BIM 经理（project BIM managers）

计技术小组(现在称为“数字实践”)形成网络联系。这些以办事处为基础的技术领导者也是技术能力、战略和风险管理的关键沟通者,他们可能是任何变革计划中最关键的支持者。最后,他们往往是公司里最好的“耳朵”,他们“飞得太高”,所以知道公司团队看不见的项目细节。而对项目团队来说则是看不见的,因为项目团队在“杂草丛中”。

在每一个领域,人们与基于项目的技术专家共同工作,这些技术专家往往致力于全公司范围的知识和资源开发工作。公司数字实践团队成员参与项目工作。办事处设计技术领导者(Office design technology leaders)同时在这三个领域工作。最重要的是,这三个领域的交流通过各种长期调用、通过项目努力(包括内部资源开发和面向客户的外部项目)以及通过友谊和“同行支持”而不断重叠。

第五节 技巧和窍门

本节为运行BIM审计和建立内部BIM研讨会提供了一些深入的支持。本节提到的工具能使BIM经理更好地了解组织背景,并有助于提高关键决策者的BIM知识水平。

一、设计技术与BIM审计

对于BIM经理来说,有许多方法可以解决与变革管理相关的文化和技能问题。审计是一个很好的起点,可以弥合一个组织与技术使用相关的愿望之间的差距,更具体地说,是BIM与成功实施之间的差距。审计可以在内部进行,也可以扩展到包括该组织的关键协作者。审计背后的目的是双重的。

第一,它将向BIM经理提供对组织BIM能力(技能总结)的评估,以及从管理层到普通工作人员的愿望。然后,BIM经理可以识别当前BIM知识级别与组织内所期望的BIM成熟度之间的差距。找出这些差距将有助于BIM经理为今后的实施制订路线图。

第二,BIM审计是关于授权的。进行审计本身就是向员工传达他们的观点受到了重视。此外,将审计结果传达给所涉人员(甚至尚未参与的人)将使他们参与这一主题。

审计提供的见解将使BIM经理对工作人员的情绪和他们目前的技能水平充满信心。它降低了BIM经理的“第二次猜测”比例，并有助于微调未来实现途径的发展。

当涉及正确的战略实施时，人们不能假设员工就会得到答案。最终，BIM经理是负责制订所需变革愿景和方向的关键人物。尽管如此，那些在日常工作中受到BIM影响最大的人们的回应对于变革管理和BIM实施来说是无价的。

二、设置和运行设计技术/BIM审计

审计本身应包括三个主要部分。

第一部分是在半结构化的、面对面的面试中收集人们的个人反馈。在这里，BIM经理询问员工们使用BIM的经验和期望。成绩单甚至录音是帮助面试官记住谈话内容的有用工具。如果面试时用任何方法记录谈话内容，必须确保没有违反公司政策或其他与

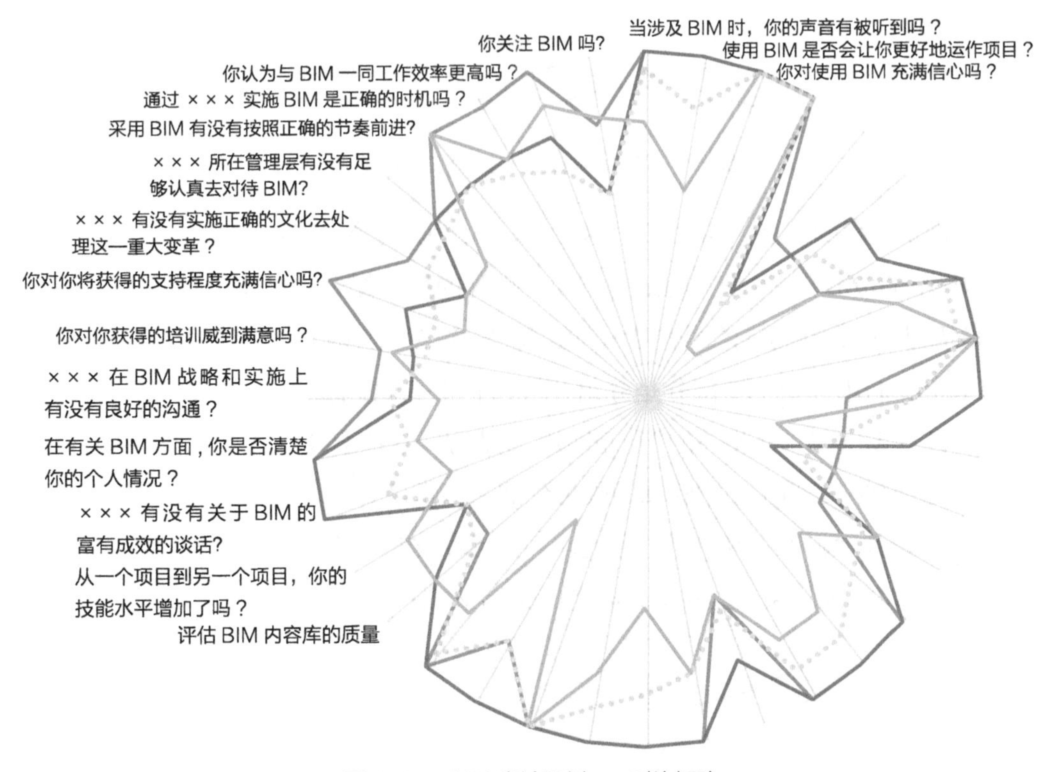

图 2-14 BIM 审计示例——对比矩阵

工作相关的条款。此外，为了在面试官和被访谈者之间建立信任，需要保证被采访者的匿名性。在某些情况下，组织可能更愿意邀请外部第三方而不是内部BIM经理进行面试。

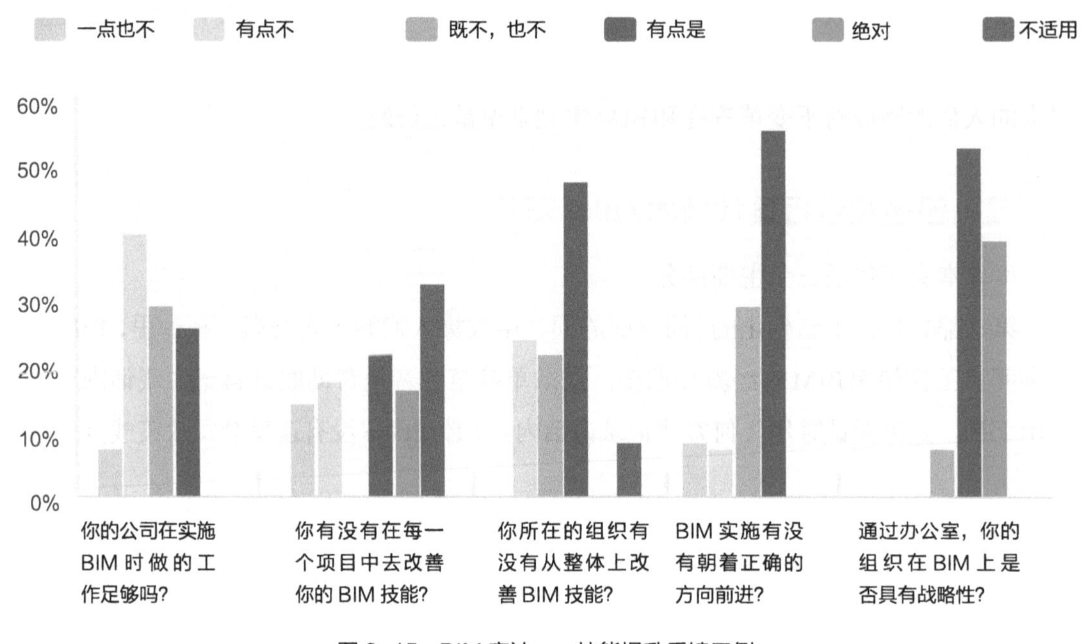

图2-15　BIM审计——技能提升反馈示例

作为面试过程的补充，BIM经理可以通过一份问卷了解更多的信息，该问卷要求被调查者量化与BIM和技术相关的某些方面。审计的第二部分将允许BIM经理以图形方式表示图表上的反馈。这样的图表对于向组织的管理层和其他人传达结果是非常有用的。

BIM审计的第三个主要部分是分组开展协作性头脑风暴会议，让员工能够表达自己的观点并开发出与BIM相关的“开箱即用”的想法。这些会议通常具有高度的互动性，并且可能已经包括了员工在审计期间收集到的一些反馈意见。提高意识，增加了解，使个别员工意识到他们的关切和想法被他人注意到，这将带来社会互动和赋权。任何审计产生的群体动力应该扩大，并发展成定期的BIM用户会议。

三、在审计期间应该问些什么

在使用BIM交付项目时，BIM审计显然应该有助于确定员工当前的技能水平。此外，审计还应让员工在个人层面上参与，以确定与会者的情绪和更广泛的愿望。BIM经理应该以一种预先包含更多一般性问题的方式来组织这些问题，以便在最后变得更加具体。理想的情况是，问题应该迎合那些已经对使用BIM有信心的人，以及那些尚未参与的人。此外，问题还应询问受访者对其组织采取的BIM方法的信心程度。他们对发生了什么事有多了解？他们是否觉得参与了BIM的采用/实施？在审计期间询问参与者他们的期望，以及他们在BIM上暴露的经验是否与他们的期望相匹配，是很有用的。

有些问题可能包括：

它如何支持你的日常（设计）实践？

有效使用BIM的障碍是什么？有什么东西阻碍你吗？

你为什么要在你的组织里与BIM打交道？你为什么不呢？

你会在你的“奇迹工具箱”里放些什么，什么能让你的工作变得更容易？

描述你与顾问从设计到施工过程中交换BIM数据的方式。

如何能容易地适应不熟悉的技术？

在BIM环境下工作最需要的培训是什么？

BIM在多大程度上影响组织内的文档和数据输出能力？

BIM实施是否取得了进展？

你想通过BIM实现什么？

外部设计方要求你提供BIM信息的频率有多大？

正如内部审计为组织的技术吸收提供了丰富的视角，BIM经理也应该考虑让外部组织参与这些活动。对一个组织的BIM战略的定位来说，对他们最直接的合作者的BIM经验有一个很好的理解，是非常宝贵的。

由于明显的业务限制，外部BIM审计通常不能以与内部审计相同的详细程度进行。然而，外部审计可以揭示作为组织内部变革管理进程一部分的重要方面。他们描绘了一个组织运作的市场的更详细的情况。这些知识可以帮助协调内部工作流程和外部因素之间的关系，这些因素对于跨多个组织使用BIM成功交付项目至关重要。

表2-1 BIM审计调查表的典型示例

问题							
一般性问题		绝对	有点是	既不，也不	有点不	一点也不	不适用
	你关注 BIM 吗?						
	你认为与 BIM 一同工作效率更高吗?						
	对于交付项目，BIM 是正确的方式吗?						
	通过 ××× 实施 BIM 是正确的时机吗?						
	采用 BIM 有没有按照正确的节奏前进?						
信心		绝对	有点是	既不，也不	有点不	一点也不	不适用
	××× 所在管理层有没有足够认真地去对待 BIM?						
	××× 有没有实施正确的文化去处理这一重大变革?						
	你是否有信心将能力从 CAD 迁移到 BIM 软件上?						
	你对你获得的支持程度充满信心吗?						
被告知		绝对	有点是	既不，也不	有点不	一点也不	不适用
	你对你的 BIM 培训感到满意吗?						
	你是否清楚 ××× 实施 BIM 的步骤?						
	你是否对 ××× 的内部 BIM 支持有很好的了解?						
	××× 实施 BIM 时是否有良好的沟通?						
参与感		绝对	有点是	既不，也不	有点不	一点也不	不适用
	你是否感到参与了项目的 BIM 流程?						
	你是否感觉到 ××× 进行 BIM 实施时进展的一部分?						
	当涉及 BIM 时，你的声音有没有被听到?						
	××× 有没有关于 BIM 富有成效的谈话?						
匹配期望		绝对	有点是	既不，也不	有点不	一点也不	不适用
	××× 的 BIM 实施能满足你的期望吗?						
	你对自己的学习曲线感到满意吗?						
	你认为启动 BIM 是否有价值?						
	你喜欢与 BIM 一同工作吗?						
输出质量		绝对	有点是	既不，也不	有点不	一点也不	不适用
	BIM 对文档输出的质量有影响吗?						
	使用 BIM 时，你运作的项目会更好吗?						
	使用 BIM 能让你的工作更轻松吗?						
	BIM 是否能够提高你的设计质量?						
进展		绝对	有点是	既不，也不	有点不	一点也不	不适用
	××× 在实现 BIM 方面做得足够好吗?						
	在每一个项目中你的 BIM 技能都得到了改善吗?						
	××× 是否从组织整体上提高了 BIM 技能?						
	××× 的 BIM 实施是否朝着正确方向发展?						

基于上述原因，了解高级合作者在内部策略设置方面的进展情况是很有用的。他们的工作流程协议有多好，他们是否执行完善的标准，他们是否致力于公认的行业框架和指导方针？鉴于BIM提供的机会，他们是否愿意以不同的方式处理合作的某些方面；他们如何在BIM环境下处理文档和数据管理；在BIM环境下，他们看到了哪些增值；他们通常如何在设计、工程、文档和交付的各个阶段分割BIM元素身份（BIM element authorship）？

更好地了解这些因素可以使BIM经理在建立协作工作流程时减少猜测。它还允许BIM经理在涉及投标期间的合作选择过程时，向组织内的决策者传达某些偏好。

BIM审计不仅仅是帮助BIM经理理解组织内部的文化变革管理，还可以被看作是开发和/或调整BIM标准、BIM内容创建框架以及最终建立跨学科BIM执行计划的跳板。

四、改革管理讲习班和研讨会

通过审计作为第一步，那么就需要更多的支持来帮助组织进行变革管理。一些人认为学习使用新软件本身是采用BIM的关键步骤。这种经典的误解源于一种信念，即BIM是某种3D CAD，因此所需要的只是对生成、操作和检查/协调3D模型的理解。正如本书第一章所示，BIM的最佳实践则绘制出了一幅截然不同的图画。

成功采用BIM需要对整个项目供应链的信息管理有一个良好的理解。除了不同的项目设置方法之外，BIM还需要对组织内部和组织以外的已建立的工作流进行变革。此外，BIM为数据关联和与流程的集成提供了一系列机会，这些流程对于组织（以及扩展的项目团队）来说可能是全新的。没有“典型”BIM工作流；工作流很大程度上取决于：按照项目计划，哪些信息需求占主导地位。这种方法对于传统上习惯于在很大的时间压力下交付更多临时结果而且对数据集成和管理的考虑有限的组织来说可能是陌生的。

考虑到上述机会，各组织通常仍然依赖2D文档交付来履行其合同义务。传统上由CAD中的绘图过程产生的典型的平、立、剖面图输出，则越来越多地在半自动化过程中使用BIM生成。对于建筑师、工程师或设计经理来说，2D输出的操作通常不再是直接的。访问设计以更新2D文档输出并不像在CAD中那样直接在BIM中进行。BIM固有的信息的相互关联性使得很难适应文档输出的本地或临时更改。对于文档输出的视觉感觉来说，整个图形标准的设置最好是预先确定，而不是在最终完成提交的文档的过程结束时确定。

对于那些还不熟悉这个典型的BIM工作流的人来说，对关键文档输出的访问会突然保持一定的距离，结果，在那些传统上习惯于通过手工控制输出运作项目的人们中，会存在着丧失权力的危险，甚至是挫败感。如果他们将传统的思维方式（CAD）应用于项目，BIM不会提高效率。相反，使用BIM可能会拖慢项目团队的进展，有时甚至可能会恢复使用CAD，以满足紧迫的项目交付日期。在工程实践中，BIM正在改变绘图员和工程师之间的角色分配。根据一些当地（市场）的情况，绘图员的职责（文档创建）和工程师的职责（设计模拟、分析和验证）之间存在明确的分工并不少见。在使用BIM时，工程师会越来越多地参与文档过程，因为它现在更容易与各种分析过程结合在一起。因此，在BIM方面，考虑工程师的未来发展时，有些人认为绘图员的角色处于危险之中。

BIM经理需要解决以上问题，帮助或指导关键项目员工了解与各种BIM工作流相关的复杂性。管理员工的期望是变革管理的一个基本方面。因此，BIM经理可以帮助那些新加入BIM工作流的人理解BIM交付与传统项目交付的主要区别。变革管理研讨会既不应过多关注用BIM记录项目的行为，也不应关注用于记录项目的软件。它们应涵盖其他相关议题，如项目背景、项目启动、项目进展和向下游各方移交信息等。

表2-2 BIM经理任务

项目背景	BIM 经理任务
解释项目简报中的 BIM 条款	让项目负责人了解项目简报中典型的 BIM 可交付项目，以确保他们避免签署组织典型业务范围之外的服务
了解合同采购的影响	强调各种合同采购模式如何影响团队通过 BIM 共享数据的能力
理解与 BIM 交付相关的法律和义务	建议项目负责人就如何思考这些主题视为项目设置的一部分
国家指南或选定客户的关键 BIM 要求的相关性	告知员工最相关的国家 BIM 要求（根据公共部门政府机构的规定）。项目团队应了解对交付产生的关键影响
员工的 BIM 技能水平及其发展	了解基础层面 BIM 技能水平的范围。设想整个组织所期望的技能水平，并确定如何通过教育，使个别员工达到他们想要的水平
内部 BIM 标准的相关性	强调这些标准的必要性，并向员工解释它们是如何影响日常 BIM 交付的过程

（续）

项目启动	BIM 经理任务
讨论与 BIM 相关的项目团队选择	考虑成功实施 BIM 所需的技能集，并协助项目负责人选择具有互补技能集的员工，以便在任何给定的项目中为团队找到合适的组合
组建正确的团队	解释寻找最佳内部团队群以促进项目的 BIM 工作流的重要性。有时，可能需要跨项目工作的专家，以便向核心团队提供额外的支持
建模职责的分配	协助处理这些问题并与项目负责人合作，以达成团队所需的工作流程
项目进展	**BIM 经理任务**
解释 BIM 内容创建要求和 BIM 内容库管理	建立和 / 或维护一个组织良好的 BIM 内容库；就如何在项目与组织的集中式库（centralized library）之间管理库内容，向 BIM 设计人员传达指导方针
内部数据管理和交换	强调与 BIM 的数据交换相关的条件、责任、义务；演示如何将 BIM 数据与外部软件应用程序连接起来，以便 BIM 设计人员和项目负责人都明白这一过程
管理工作流程并在项目团队之间沟通问题（内部）	根据组织的规模和业务，BIM 经理通常负责协调单个模型经理和 / 或其他团队成员的工作。关于项目主要问题的报告应传达给 BIM 经理，并在小组内每周讨论一次。这样的反馈有助于 BIM 经理和其他人调整他们的工作流程
链接 BIM 和工程分析工具	帮助确定工程分析和文档之间的工作流程。用于这些不同活动的 3D 模型之间的接口能力正在增加。一些基本的性能检查甚至可以通过 BIM 工具在文档的编写过程中提供便利
使用 BIM（4D BIM）进行施工规划	突出显示将几何数据链接到交付计划、时间表甚至甘特图表的任何潜在好处。为了管理现场进度，承包商越来越多地使用 4D BIM。总承包商和分包商应该知道 4D BIM 工作流程，他们应该调整他们的软件基础设施，使他们能够参与这些过程
BIM 与成本计划接口 (5D BIM)	指出使用 BIM 进行工程量提取和成本计划的时机。几何模型和成本数据之间的智能关联可以更好地整合信息并验证项目的成本趋势
越来越多的 BIM 服务正在从办公室内的 BIM 设计和协调转向现场施工的实际协调	解释现场 BIM 能发挥哪些优势，并向你的同事提供成功实施 BIM 的例子。在某些情况下，组织管理层甚至可能不知道 BIM 在重组施工现场方面带来的潜在影响
多学科协作	**BIM 经理任务**
协助管理多学科团队的 BIM 工作流	向员工解释如何跨多学科项目团队应用 BIM。哪些是机会和优势，哪些是典型的陷阱？解释谁应该运行 BIM 协调以及会议如何安排
BIM 执行计划的目的和性质	解释 BIM 执行计划背后的逻辑。这些文件正在成为项目团队协调工作的基本准则。因此，员工了解其目的及其在项目中的有效应用至关重要
与第三方共享 BIM 数据	从技术、程序和合同的角度向员工传达与第三方共享 BIM 信息的关键标准
多学科 BIM 协调会议的动态	建议最佳实践方法并告知员工解决方法和变通信息，以便最大限度地发挥协作过程中的协同作用

上面的条目仅仅是在变革管理研讨会和讲习班期间讨论的潜在主题的一个快照。它们的内容将取决于BIM经理所在组织的核心业务以及组织的BIM成熟度水平。最后，

应由BIM经理确定研讨会期间最合适的讨论要点。

另一个需要考虑的方面是将员工分成不同级别。理想情况下，变革管理讲习班应针对组织内的特定群体，如BIM中建模或协调的人员、监督项目交付过程的人员，最终也应针对组织的关键决策者(管理层)。

正如本章所示，变革管理是每个BIM经理都应该熟悉的且高度与BIM实施相关的多方面过程。学习如何管理变革并使协作者能够参与指导角色，与BIM经理需要具备的技术知识一样重要。这一技术知识是本书第三章的主题。在第三章中，我们将从多个角度来研究设计技术，重点是组织基础设施与高端技术驱动创新之间的接口。

第三章

聚焦技术

只有技术不断进步，BIM才有可能实现。技术是BIM实施中最相关但也是最短暂的一个方面。软件的不断升级，会对流程和信息集成产生直接影响，通常具有深远的影响。通过分析短期的趋势和创新，本章有效地提供了BIM技术持续发展、管理的相关见解。

技术的进步并不只是简单地导致社会发生持续和平稳的转变。相反，新技术的影响是突然发生的，对以前建立的进程具有高度的破坏性。创新技术的引进改变了游戏规则，对我们职业生涯中的很多问题产生了重大的影响。当谈到BIM时，这正是我们当前经历的时刻。

前两章叙述了BIM最佳实践的基础以及BIM经理处理与BIM实现相关的变革管理的必要性。本章讨论了BIM经理应该了解的技术方面。例如，设计技术和信息之间的相互作用是什么？与BIM硬件和软件相关的主要考虑因素是什么？如何处理软件许可授权这一微妙的问题？在跨多个地点联网BIM并将BIM迁移到云时，有哪些选择？

本章的大量内容都致力于讨论软件工具的生态。在不断扩展的软件列表中，BIM经理必须了解专用软件所促进的信息流原则。如何在典型的项目约束范围内并根据项目团队的能力，最大限度地提高BIM的有效性？通过战略层面解决这个问题，BIM经理在绘制信息流、促进项目软件工具生态中不同软件间的互操作性方面发挥着关键作用。本章将展望未来，指出BIM经理可能面临的技术发展。

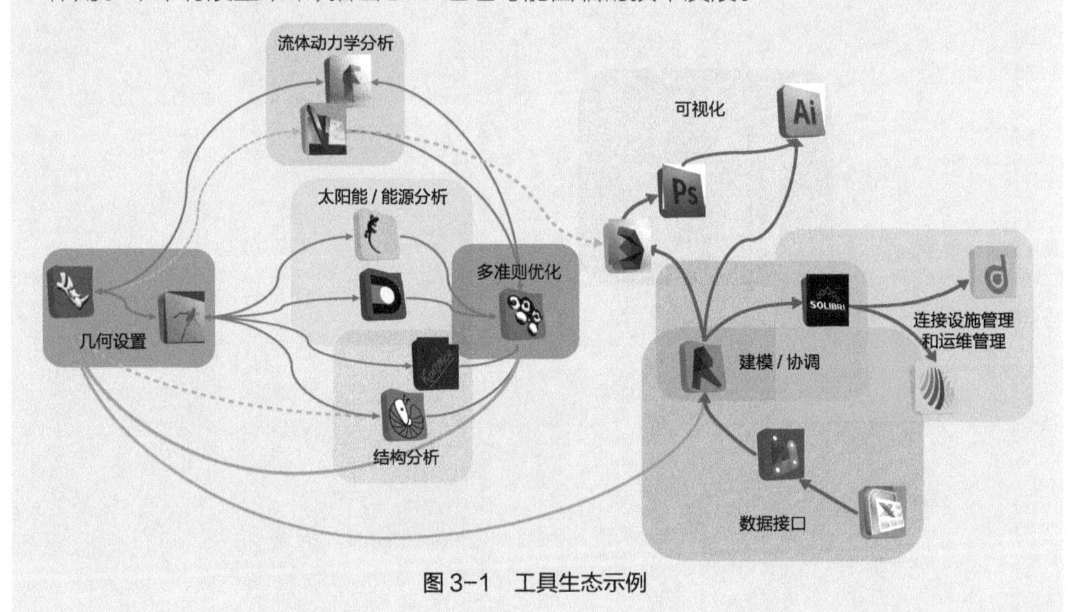

图3-1　工具生态示例

第一节 设计技术与信息技术的接口

“我相信，在FXFOWLE公司中，我们在IT方面取得了很大的成功，因为我们的IT经理具有架构和设计技术(DT)背景。他们逐渐进入IT角色，理解我们，并对从设计师的角度建立IT基础设施方面的重要性十分敏感。”

Alexandra Pollock，FXFOWLE设计技术负责人

很少有项目团队的日常工作能与BIM结合并得到IT专家的支持。这些IT专家对设计、施工、运营和项目管理的本质有良好的洞察力。信息技术(IT)与设计技术(DT)之间的关系往往是微妙的。

到目前为止，IT在整个建筑行业的作用已经很好地建立起来了。个人、团队甚至整个部门，都会通过软件、硬件和网络需求来支持组织的核心业务。IT提供基础架构，允许组织与IT经理(内部或外包)开展业务，确保尽可能减少对日常操作的干扰。从这个意义上说，IT在后台中做得很好，以至于几乎感觉不到它的存在。IT经理的典型职责包括设置硬件服务器、台式计算机、网络连接，进行软件安装以及支持外围设备，例如打印机、电话、投影仪等。IT通常支持网络安全，保护员工免受恶意病毒、黑客或其他威胁的干扰。自从云计算出现以来，IT经理的日常任务已经从最终用户的物理位置上进一步移除。随着企业虚拟化服务器、桌面工作站、“瘦客户机”用户界面出现并能替代传统日常工作提供远程服务，越来越多的IT经理级职责能够通过远程完成。传统的IT经理在桌子下重新布线硬件然后拿着安装CD到处跑的模式正在消失。

一、BIM与设计技术

当BIM首次进入实践时，IT团队很可能在硬件选择、软件安装和持续支持方面负责采购。由于CAD通常由IT团队支持，因此将BIM委托给IT团队似乎是一种自然的转变。在BIM的早期，这种方法是有意义的。BIM仍然被那些应用它的人大部分用作3D CAD，很少涉及跨学科的信息集成或者生命周期上下游中的数据共享。

随着BIM的日益普及，对BIM的理解和使用已经逐渐从建模这个焦点转向于跨学科的信息管理。当IT专家被要求支持强烈依赖于设计和项目交付知识的过程时，其拥有的技能会变得捉襟见肘。设计技术（以下简称DT）已经成为当代实践中与IT截然不同的且更加突出的一个部分。DT将对设计和施工所需过程的理解与支持它们的适当技术的知识结合在了一起。当使用BIM时，DT提供了一种更自然的处理活动和工作流的方法。由于它的新兴性质和它还在不断扩展到更多的项目生命周期中，DT的运用仍然比IT少得多。DT主题涵盖用于概念建模工具和表单查找(form-finding exercises)工具，通常包括用于二维或三维设计可视化的工具。提升BIM语境中的“Ds”，4D BIM与设计和施工规划有关，5D BIM是指成本估算、验证和详细管理。超过5D时，业界通常将从BIM中导出资产和FM管埋的数据称为6D。

二、IT和DT之间的对话

无论IT和DT在组织中的定位如何，BIM经理都必须理解，当涉及两者支持的任务或项目时，IT和DT应该紧密地联系在一起。HOK公司设计技术专家（Firmwide Design Technology Specialist）Brok Howard提供了一个例子：“HOK使用了近30个插件作为主要的BIM设计工具（BIM authoring tools）。因为软件本身并不能满足我们所有的需求，所以我们会用一系列额外的工具来弥补，包括我们自己的定制工具。工具开发完时每做一次修改，基本会产生潜在的问题。由于技术需要设计支持，我们与IT的关系必须是完整的。我们严重依赖IT来管理服务器、安装包部署和许可，但我们的IT组不知道如何使用设计软件，因此他们依赖我们提供支持和培训。在许多地方，我们的DT经理就坐在IT经理的旁边，帮助他们找到正确的解决方案。”

我们很难想象出用一个简单的图形来描述一个组织中DT和IT之间的典型关系。在某些情况下，这种关系可能是一件简单的事情：在中小型组织里，他们很可能会被同一个人管理。在较大的组织中，这项任务将变得更加复杂：根据若干因素，DT部门可能是IT的产物，也可能是一个单独的实体，主要侧重于项目的设计和交付。在项目的设计和交付方面，DT比IT更明显，因为它的管理与建筑行业内各组织的核心业务更紧密地联系在一起。在考虑BIM时，DT的影响远远超出了组织内的过程。在高度协作的环境

图 3-2 共同协作解决 DT 和 IT 问题（COX 建筑公司）

中，BIM需要关注跨专业和组织间的互操作性和信息共享，因此DT通常不只是考虑组织内部的支持。

BIM经理需要学会以及时的方式和结构化的方式交流他们对IT的需求，但这往往与AEC行业项目自发启动这一事实相冲突。如果项目需要BIM，桌面计算机很可能会有特定的配置，这就需要尽早与IT部门（团队）沟通。编入预算的硬件升级周期可能根本不考虑BIM的额外需求。BIM经理有责任将以上考虑因素纳入到前瞻性计划中，并与管理层和组织的IT部门进行讨论。

第二节 BIM硬件/软件许可选择

BIM经理最基本的任务之一，就是协助他们的组织选择最合适的硬件和软件基础设施来成功地运行BIM项目。BIM经理不仅需要了解与各种需求相对应的硬件和网络规范以完成某些与BIM相关的任务，还需要知道与他们指定的硬件的软件兼容性。

由于桌面计算机硬件成本的不断降低，其配置和设备选择已成为日常实践中变得不再是一个问题。尽管如此，BIM经理还是应该掌握软件对硬件配置的影响。他们可能会发现，在某些情况下，要顺利地运行某些软件，需要更多（更快）的RAM和/或对机器的显卡进行升级。

BIM软件执行的大量操作一般仅针对计算机CPU的单线程进行优化，启用多线程的CPU在大多数情况下可能未得到充分利用。建议BIM经理在做出决定之前在线搜索CPU基准（CPU benchmarks）。与IT管理一起，BIM经理需要根据其组织典型的硬件更新（或租赁）周期，确定最适合的具有持续效益的设备。

成功管理BIM配置的一个关键点是预测未来对硬件性能、数据存储范围、信息传输速度和网络配置性质的需求。一种选择是“过度指定”硬件基础设施，或者承诺购买允许未来扩展和升级的产品。当选择运行最常见的BIM软件的硬件时，BIM经理BillDebevc根据“20规则”工作。他建议将一个BIM文件大小乘以20，以确定加载它需要多少内存。BIM经理Debevc进一步建议在配置硬件时使用最快的内存，并考虑内存的扩展选项：“如果配置的主板有4个内存插槽，并且从8GB开始，则需要2条4GB内存，因此占有2个插槽。这样的话，如果需要升级到16 GB，可以通过增加2块4GB的内存来做到这一点。”

展望未来，BIM经理可能会与他们的IT同行合作，将他们的整个硬件基础设施转变为基于云的设置，这需要高带宽和瘦客户机终端用户界面。无论哪种方式，都存在一种危险，即软件供应商和经销商发布的推荐规范基准只反映了当前的现状，但没有考虑未来的需求。BIM经理需要掌握最新的技术发展，以便对技术进步和典型硬件升级周期之间的平衡性做出判断。

与硬件规范和软件选择齐头并进的是组织内部或特定项目所需的BIM软件。BIM软件的选择和管理一直是BIM经理头疼的原因。这往往会引起他们和他们公司管理层之间的摩擦。为什么会出现这种情况，为什么BIM经理会挣扎？

获得软件授权对于BIM经理来说是一个微妙的话题，因为这是他们需要证明的主要成本。过去，BIM经理需要考虑一次性资本支出（CAPEX）和持续订阅成本，作为BIM运营支出（OPEX）的一部分。越来越多的软件供应商正转向仅限订阅模式。这一发展似乎表明，软件供应商现在提供了更灵活的解决方案，例如按需付费访问他们的软件，并提供更加灵活的授权和许可。总的来说，这似乎是一个很有前景的发展，也满足了AEC市场的需求。尽管如此，BIM经理还是应该谨慎地考虑未来的许可、授权需求和与各种订阅模式相关的成本。这是一项艰巨的任务，因为软件开发人员会定期更改、捆绑或重新绑定他们的软件套装。

BIM经理还需要了解各种供应商提供的硬件和软件许可选项。通过硬许可(hard licensing)，用户可以访问通过网络管理并持续监控的软件许可证池。如果许可证请求的数量超过可用许可证的数量，则只有在另一个用户放弃他/她的当前许可证时才会释放许可证。软许可模式允许用户暂时超出其许可证池而不会立即产生后果，可根据超额使用的持续时间和程度，重新协商许可费。

以下五项建议突出了软件许可的关键方面，BIM管理人员应该予以考虑。

1) 始终与组织的IT团队/专家讨论许可需求。

2) 与不同的经销商周旋，以获得最好的交易。

3) 对于您的组织真正需要的软件要小心；如果您只使用其中包含的一小部分，就不要被诱使在预先配置的套装上注册。

4) 算一算，做好数学功课：计算各种不同的许可使用选项与不同的场景，以测试随时间推移使用增加或减少的情况。不要对“一生一次”的交易过于兴奋。这些变化时时刻刻都在发生，新的变化最终会出现。

5) 尝试与您的软件经销商/开发人员建立关系。他们越了解你的业务，他们就越有可能根据你的需要定制开发产品。

第三节 通过网络共享BIM

与CAD相比，BIM的一个关键优势是它允许用户在同一个模型上或者在公共数据环境中的一组合模上协作工作。这种协作可以发生在组织内部，也可以发生在整个项目团队中。随着网络速度的提高和数据传输方法的不断发展，那些为联合模式做出贡献的工作人员的地理位置将很快变得无关紧要。由于技术允许地理上分散的团队同时共享BIM数据，因此需要考虑其他方面，如有什么协议和管道来管理数据流？此问题扩展到诸如访问控制和文件锁定，本地和中央存储之间的模型更新同步、修订控制、更新通知，跟踪和记录建模状态的审计跟踪的可用性等相关的问题上。

当运用CAD工作时，操作员通常会在给定的时间内处理设计的单一视图，例如平面图、剖面图、高程图。对于需要多个文档人员加入CAD中的工作，这些操作员通常会参考部分文档来告知他们的工作。在BIM中，组织中的协作者可能会联合开发一个模型，将他们的部分贡献给一个被视为文档计划和部分的3D工作。BIM作者通常从总体设计的本地副本开始工作，该副本与BIM服务器上的主文件同步。这种设计方法对工作共享和组合协作协议（如工作集）有不同的要求。例如，协作者在当前模型版本的本地副本上工作，并且他们借用只有他们可以工作的部分，而不会冒任何其他人同时处理该模型的风险。服务器方便了模型存储、访问控制和模型元素的借用。BIM设计软件

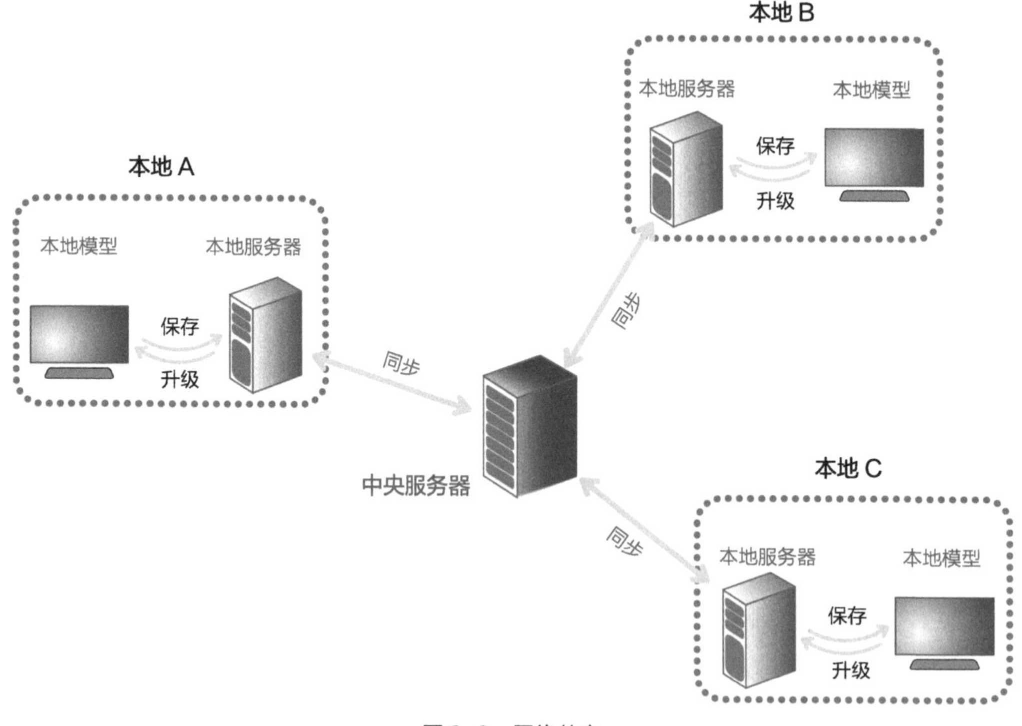

图3-3　网络共享

中的通信功能，以及在某些情况下第三方即时消息工具如微软的linc™，允许运营商协商设计中可以更改/更新设计中某些元素的所有权。因此，BIM运营商需要了解用于将BIM的本地副本与集中式（或基于云的）主文件同步的最合适的间隔。

BIM经理以BIM服务器基础设施和/或基于云的接口的形式帮助他们的组织建立协作环境。（虚拟）服务器有助于规范上面列出的活动；它们通常可以通过基于Web的管理门户访问。在IT部门协作下，他们为组织中的每个团队提供建模基础设施，有时还可以为项目团队建立一个通用的建模环境。该任务的一个关键组件是确定分解模型的最佳方法，以便在联合建模环境中轻松地访问和更新模型。

为了支持这些常见的BIM协作环境，BIM经理需要知道/做些什么？

在最简单的形式中，服务器有助于由项目中的少数内部操作员协调建模更新，这些操作员可能坐在彼此旁边。如果协作者的地理位置失调，甚至为不同的组织工作，使用不同的软件应用程序，交互就会变得更加复杂。

第四节 BIM云

"随着云信息变得更加集中和同步，我们总是试图在项目团队之间避免出现孤立且不可访问的信息。"

Turner Construction (NewYork) LTO. 虚拟设计与施工区域经理Jon David

云计算和相关的基于Web的软件（服务）已经彻底改变了运营商访问和利用软件的方式。自从2000年Salesforce、Amazon通过云提供了第一个企业级软件以来，基于Web的软件服务的范围日益扩大。软件即服务（SaaS）的流行程度稳步提高，云功能不断扩展，超出了单一软件或应用程序的便利性。云不仅影响运营商使用BIM软件的方式，还可能对组织内的整个IT基础设施产生重大影响或引发多米诺效应。数据存储在云端，减少了（或消除）对本地服务器存储的需求；SaaS应用程序减少甚至消除了对桌面计算机中繁琐的软件安装的需求，这些软件安装可能被简单的用户终端所取代。总的来说，云保证了组织在处理IT方面具有更大的灵活性并且降低了成本。这种自由是以高度依赖互联网带宽和数据安全为代价的。

一、需要考虑的流程

通常应用于AEC行业的流程，如3D渲染、BIM设计和协调(BIM authoring and coordination)、BIM存储、修订管理和项目团队文档标记，都可以通过云实现并提供便利。随着云的出现，IT和DT之间的互动规则得以重新制定。在云中进行外部数据存储和安全数据管理的且基于Web的软件(应用程序)正在迅速成为一种环境规范。在这种环境下，来自多个来源的信息是无缝连接的。在这样的信息流动下，跨设计、工程、施工和运营的多个流程能以以前不可能的集成方式连接在一起。此外，软件供应商现在专门为云协作配置了一些工具，如Autodesk的A360™、Graphisoft的BIM Cloud、天宝的Connect等应用程序。

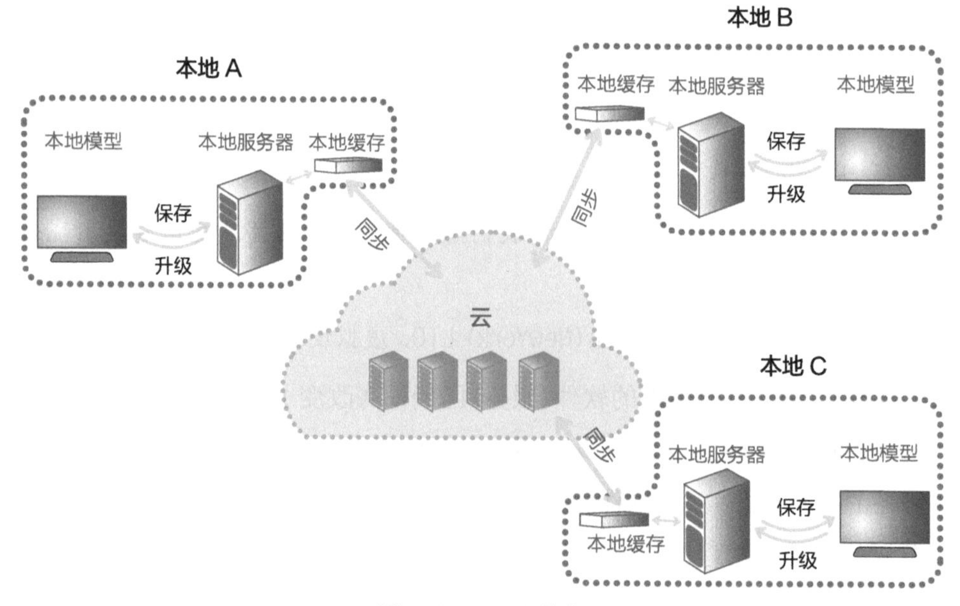

图3-4 BIM云共享

二、私有云与 BIM 云

由于市场上有许多私有云、BIM云和混合解决方案，BIM经理往往很难理解需要什么。

在设置云时，BIM经理首先应该决定是选择私有云还是远程数据中心处理的BIM云。私有BIM云由组织在本地托管，提供对项目数据的安全访问。而通过BIM云实现的操作则在远程数据中心进行处理。在那里，信息可以从任何地方访问，而无需本地资源。

应用程序和服务器虚拟化软件如Citrix XenApp和vmware vSphere与虚拟图形处理相结合，是硬件GPU共享的关键促成器。这些应用程序允许公司灵活设置软件基础设施，不再依赖于通过中央处理单元(CPU)从单个机器运行软件。

BIM经理需要意识到这些桌面虚拟化方法的局限性。对于特定的模型大小和用户距离，延迟会导致用户体验显著恶化。通常，降低数据交换速度的不一定是模型文件大小，而是需要在本地模型和主模型之间同步处理的辅助事务的数量。这些事务包括文件打开、锁定、关闭和解锁。因此，BIM经理需要在如何将文件链接在一起以及协作方如何访问共享资源方面具有战略性。理想情况下，链接文件应该存储在所有利益干系人都可以使用相同路径访问的位置上，这样每次利益干系人同步到主文件时都不需要单独上传。在管理大型分布式终端用户之间的本地和中央位置之间的BIM文件同步时，另一种解决方法是将Citrix等方法与提高数据同步通用性的解决方案相结合。

Panzura和Nasuni等其他系统为用户提供了一个单一的文件系统来存储和管理来自全球多个位置的信息。文件锁定通常通过本地缓存来处理，这样可以减少延迟，并最终给用户提供类似本地服务器的体验。Panzura使用连续快照之间的差异来维护文件系统的一致性以及保护文件系统中的数据。在一个称为同步的过程中，Panzura文件系统在连续快照之间对元数据和数据进行网络更改，并将它们发送到云中。因此，基于云的全局文件锁定机制允许用户显著地加快打开和同步时间。

当选择像Panzura或Nasuni这样的解决方案时，BIM经理需要确定他们是否希望这些解决方案也包括云存储在内的服务。有一些灵活的选择，如购买硬件控制器和软件授权许可证，然后从第三方供应商那里使用云存储空间。

所有主要的BIM软件供应商现在都提供定制的BIM云解决方案，并为用户提供通过云服务进行信息管理的软件基础设施。在选择BIM云时，需要考虑的关键事项是最近的托管项目信息数据中心所在的位置。由于云中的所有处理都绑定到其数据中心，用户与数据中心之间的地理距离越远，使用BIM云的操作员所能感受到的延迟就越大。在中小型项目（取决于网络速度）上，几百公里甚至2000公里通常不是主要关注的问题。不过，一旦超过了这些距离和/或更多的地理位置偏远的参与者通过BIM云进行交互，执行命令的滞后以及同步本地和主文件所花费的时间可能会使协作速度降低到系统崩溃的程度。如果BIM经理希望地理位置偏远的团队能够在中型或大型项目上进行协作的话，他们需要找到减少延迟的方法。

在办公室为BIM设置云服务：

1）确定对云的确切需求，如它应该为组织提供什么样的服务。

2）比较市场上不同的定价模式。

3）与IT部门/支持人员沟通操作和维护云服务的需求。

4）根据研究，从私有云到Amazon、EC2等服务等一系列可能的选项中进行选择。

5）在选择供应商定制BIM云时，要注意信息存储机制；确保始终保留对（遗留项目）数据的访问，而不涉及任何隐藏的成本因素。

三、项目和文件管理软件

管理来自建设项目的信息不仅仅是进行BIM设计和协调。其中，需要一系列的活动来连接人员、流程和文档，从而使项目团队能够有效地协作。早在BIM出现之前，项目协作软件（应用程序）就已经在整个建筑行业广泛使用，目前他们正在支持BIM工作流。各种软件（应用程序）都为信息和文件交换提供了协议，但在信息接口的种类和方式方面，它们有所不同。这些软件工具都有一个共同的特性，那就是越来越多地通过基于云的系统来管理信息。在大多数情况下，并不是从事BIM设计的人员规定团队应该使用哪个软件（应用程序），而是客户或总承包商决定的。客户或承包商选择的软件取决于他们希望在项目团队中所支持活动范围的程度。在这里，了解各种软件（应用程序）

的一些显著特性变得非常方便。项目中心的iTWOcx以及ACONEX可以定制模块以支持招标投标管理流程；iTWOcx还允许用户将文档控制链接到企业资源计划(ERP)流程中。近年来，ACONEX已经扩展了其主要支持2D文档管理的功能，提供了基于浏览器的访问，通过云管理以BIM为中心的设计、工程和建设活动。达索公司的ENOVIA平台正在将其在供应链集成和产品生命周期管理(PLM)方面的经验从其他行业转移到建筑业上。Bentley的ProjectWise特别注重促进架构师、工程师和承包商之间的工作流，因此非常强调设计团队的协作(特别是基础设施项目)。与ACONEX类似，它能够处理大数据集，从而集成了来自BIM和非BIM软件(应用程序)的项目数据，以及先进的访问控制管理和信息导航选项。

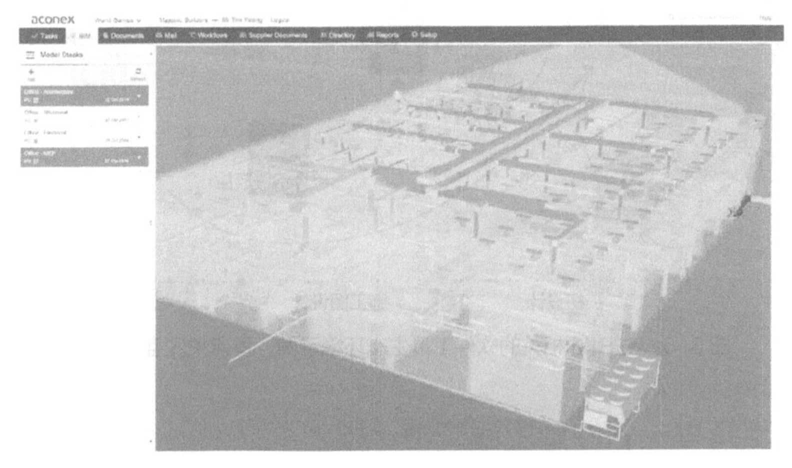

图3-5 ACONEX界面截图

第五节 工具生态诠释

最近对澳大利亚著名设计公司250多名员工使用的所有数字软件工具进行了统计，单个软件应用程序的总数达到了97个。其中一半以上的软件工具专门用于项目的设计和交付。这些数字清晰地表明：我们使用许多不同的工具来设计、建造我们需要交付的项目。但许多工具仍然被孤立地使用，几乎没有整合流程，导致整个组织的工作量翻倍。目前的技术进步正在弥补流程脱节的不足。利益干系人应该能够在任何地方以及他们使用的任何平台上访问和管理项目信息，而不是在不同的系统上进行连续和孤立的手工标记或数据输入。BIM经理在这个多方面的工具环境中扮演什么角色？他们如何在帮助团队选择和使用为项目提供最佳结果的软件（应用程序）方面发挥他们的专长？

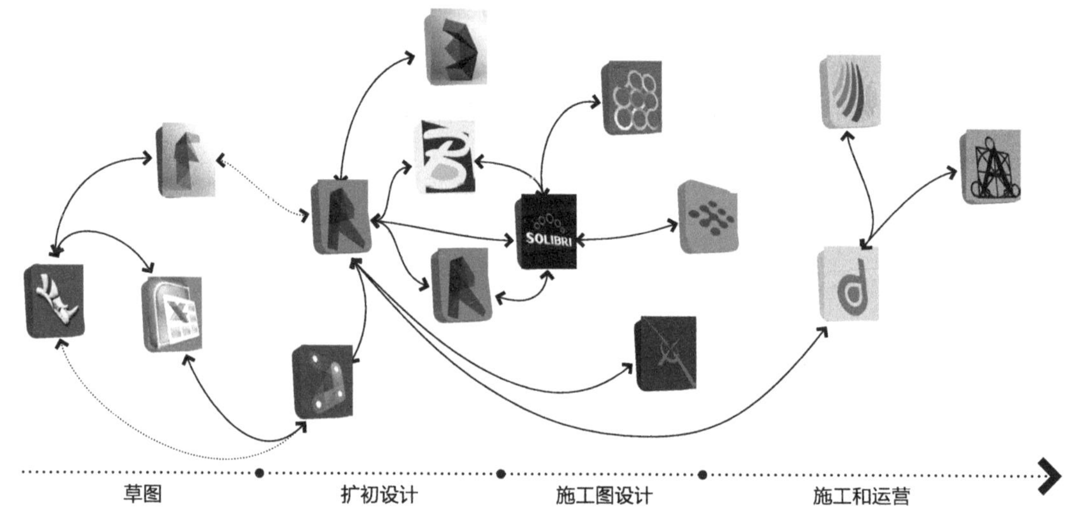

图 3-6　与 BIM 相关的软件工具生态环境示例，重点关注互操作性

一、从支持单一软件使用到支持流程

CAD时代以项目为基础的工作本质是：往往专注于尽可能高效和快速地独立完成任务，以满足项目的最后期限。协作速度排在第二位。Panagiotis Partheios在2005年发表的一项研究显示，“协助协作”在数字工具的功能设计者期望排名中名次最低。

行业正在发生转变：使用BIM的项目越来越多，为了项目崭新的设计和交付过程，引入了新的软件（应用程序）。这些工具中有许多是为加快协作而量身定做的。项目团队现在会更有意识地考虑如何接口不同利益干系人使用的软件（应用程序）。互操作性是一方面；工具使用的战略规划和工具生态的建立是另一个方面。互操作性的目的是方便地将项目数据从一种工具转换到另一种工具，同时尽量减少数据（几何）保真度的损失。建立工具生态和公共数据环境（CDEs）可以提供更大的格局。

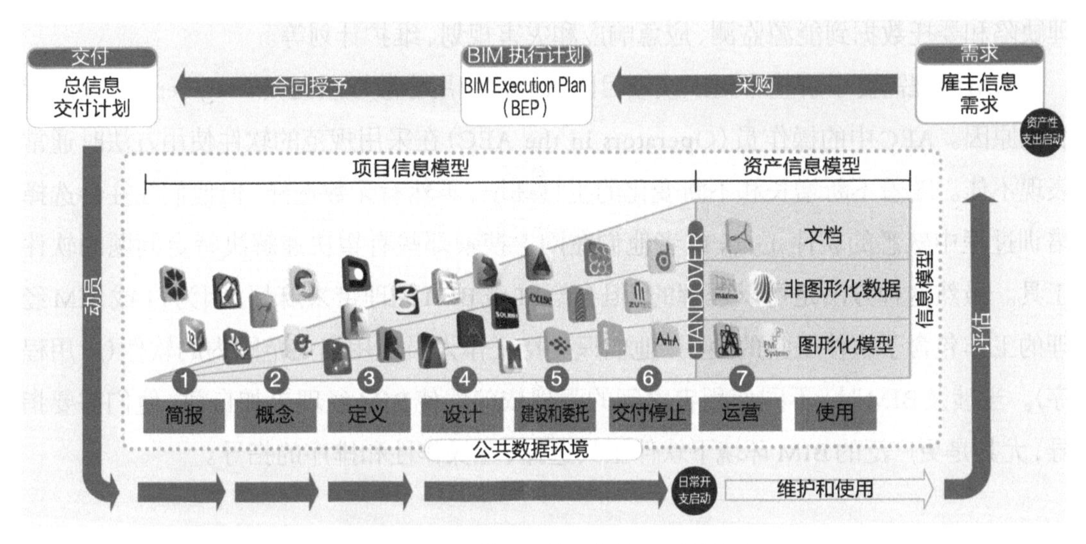

图 3-7　公共数据环境下的软件工具使用

二、建立公共数据环境

对于大型、复杂的项目，公共数据环境可以帮助管理项目利益干系人的整个供应链信息，包括规划、设计、工程、制造、施工以及与地理空间数据和运营与维护(O&M)活动的集成。精心构思的工具生态、互操作性和数据管理已经成为核心问题，利益干系人在团队中访问、审查和操作信息的方式也是核心问题。有助于促进项目协调的软件(应用程序)较少关注用于干涉检查或其他不一致性的3D几何元素的协调，但它们解决了元级别(meta level)的项目管理和协调问题。这些软件工具通常专门满足客户或项目经理的需要。BIM经理需要了解项目管理的确切目标，以便调整自己的工作并遵循客户所需的数据环境。

三、补偿终端用户行为（Compensating for End-User Behavior）

AEC行业一致认为，解决所有问题的一站式全能软件工具并不存在。即使它存在，也很可能不是最实用的应用程序。建筑师将始终采用一系列高度定制的工具，使他们能够完成特定的任务，工程师和承包商也是如此。设施和资产管理机构有一系列软件(应用程序)可供选择，以解决其工作的多方面问题，从基本资产登记册到跟踪资产、管理缺陷和委托数据到能源监测、应急响应和灾害规划、维护计划等。

BIM经理需要了解整个组织或项目团队经常使用分散性质工具(fragmented tool)背后的原因。AEC中的操作员(Operators in the AEC)在采用规范的软件使用方法时通常表现不佳。随着不断增长和不断变化的工具环境，虽然有无数选择，但他们往往会选择培训过程中熟悉的软件工具，或者他们在网上搜索那些有望快速解决特定问题的软件工具。虽然这种方法是可以理解的，但会给IT或BIM经理带来麻烦，因为IT或BIM经理的工作包含了软件工具的使用，他们只支持工作人员使用指定范围内的软件(应用程序)。当涉及BIM时，不同使用者之间的强烈依赖性使BIM经理更加自律，他们需要指导，尤其是更广泛的BIM环境下软件工具选择、互操作性和排序的指导。

三、生态思维

BIM经理的角色是，通过工具生态，找出最有效的方法来连接团队(包括内部和跨组织)应用的各种流程，使用户能够从他们希望的应用程序套件中获得最大的效率。这不是一项容易的任务：每个项目都需要一种独特的方法，这不仅因为要支持的程序不同，还因为团队和客户的输出需求不同。开发医院项目的软件工具生态与商业塔楼是不一样的。数据可视化和验证、信息管理、从概念设计到施工文档的链接以及施工顺序协调工作的需求都不同。

建立工具生态系统远不止简单地促进软件应用程序之间的互操作性。在建立工具生态系统时，BIM经理需要了解从工具A转移到工具B的最佳时间点；他们需要知道哪些解决方案能够抓住一个工具处理信息的独特特征，以便将其传递给下一个工具。BIM经理需要调整组织的专业和业务需求，并相应地调整任何项目的工具生态，同时了解项目团队的技能水平和特定的客户请求。FXFowle公司Alexandra Pollock明确表示："很多时候，工具生态依赖于人员配置。"在选择合适的工具生态时，BIM经理对扩展到项目团队能力的员工软件技能的正确判断是必不可少的。

在项目生命周期尺度上，这些任务有时会超过任何一个人所期望的知识水平。因此，任何一个BIM经理都必须与他们公司的决策者保持联系，对他们的方法进行微调，并使其与任何项目的合同环境保持一致。在英国，建筑研究机构(Building Research

Establishment，BRE）指出：在管理总信息交付计划中，项目的总体信息要求和在任务信息交付计划中管理组织内利益干系人的信息需求之间存在分歧。

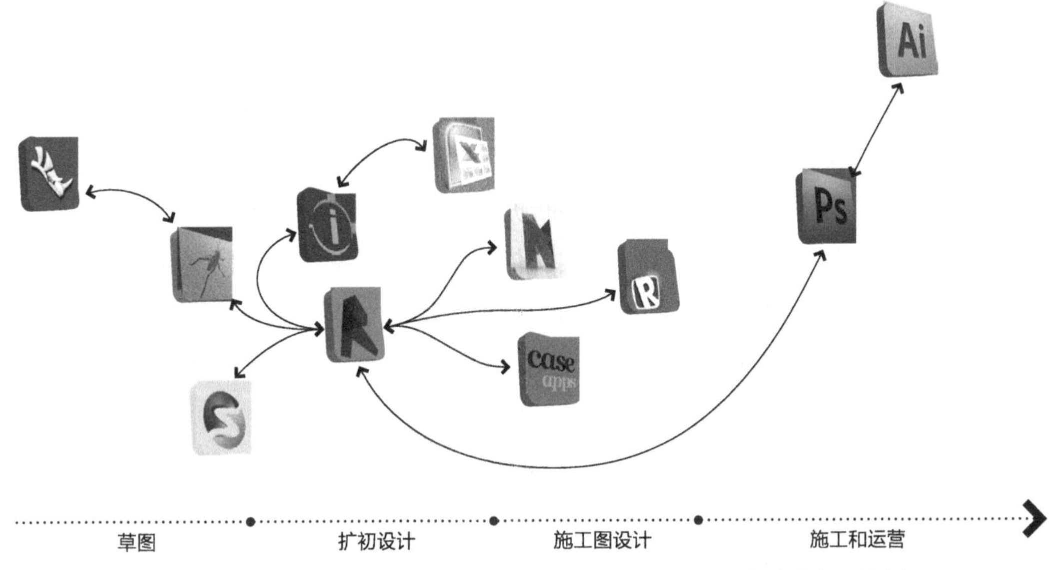

图 3-8 与 BIM 相关的工具生态环境的示例，重点关注辅助软件（应用程序）

无论以何种方式确定各利益干系人之间的责任，在考虑工具生态时，管理几何信息与数据之间的关系是至关重要的。虽然几何数据对于设计阶段和工程阶段的信息传递有着较高的相关性，但在进入施工阶段时，这种情况会逐渐发生变化。此外，BIM数据的管理会最终成为运营和维护过程中的关键环节。建筑和工程公司的BIM经理往往会误判数据输出对客户及FM经理的相关性，因为他们过分关注几何对象的早期协调。

第六节 BIM接口

本节将先阐明构成BIM项目工具生态的一部分关键领域。在实践中，这些领域之间很可能存在实质性的交叉。从地理空间数据与BIM数据的集成入手，阐述了BIM与拓扑模型接口的原理，重点阐述了如何操作BIM固有的数据和数据结构。然后，本节将研究BIM的输出，用于制造、施工规划以及虚拟模型和现场物理测量数据的交换。最后，本节讨论将BIM数据传输到构成计算机辅助设施管理（CAFM）软件环境中所用到的一部分工具。

在实际中，往往很难获得将信息链接到BIM的工具、支持核心BIM软件（应用程序）中信息管理的工具以及处理从BIM模型中提取信息的工具等工具的清晰描述。由于与BIM工作流接口的软件和应用程序列表不断扩大，工具之间的区别正在逐渐消失。例如，使用三维虚拟模型进行仿真和分析，其实从传统意义上来说是一个位于BIM之外的过程。现在，越来越多的分析工具要么集成到BIM平台中，要么使BIM设计和工程分析功能在不同工具之间的紧密交叉引用成为可能。随着支持云中组织间BIM协作的软件越来越多，BIM核心工具和BIM之外的工具可能会进一步融合。

一、地理空间/点云到BIM

建筑方和承包商方的BIM经理经常面临将他们的BIM设计工具与来自土地测量师的信息连接起来的情况。在传统上来说，如果 2D地形线工作是这些方之间通过CAD进行交互的基础，那么最近的技术发展已经从根本上改变了信息交换的方法。澳大利亚建筑师协会和澳大利亚咨询公司最近进行的一项研究显示，使用卷尺、经纬仪、水平仪和人工操作的方式越来越多地被全站仪、GPS、GIS和激光扫描技术所替代。此外，公用地理空间信息系统（GIS）数据的使用正变得越来越普遍。

常见的BIM设计软件(应用程序）通常具有将调查数据直接导入其三维建模环境的选项。土地测量师将实地收集的数据输入到特定的测量软件中进行操作，生成数字地形模型(DTMs)、不规则三角网（TINs)、字符串和点云文件等。建立一个准确可靠的“现有条件”调查信息模型(SIM)对于支持BIM的设计过程至关重要。点云与建模的内容合并，允许BIM设计人员将现有设计内容（existing context）与新生成的设计内容并列处理。这种方法有许多用途，如设计人员在进行项目扩展或翻新时可以进行高精度的测量，规划人员可以确定新开发的项目与现有植被（如树木）之间的确切距离，承包商可以使用点云数据对现场进行精确定位、设置和检验。

BIM经理应该从土地测量师那里请求这些地理位置的SIM文件，以便将它们直接加载到他们的BIM设计软件（应用程序）中。为促进这一过程，BIM经理应与土地测量师密切合作，协助他们增加BIM知识，并就其主要BIM设计软件（应用程序）商定所需的接口。BIM经理需要意识到，测量人员会根据所需的准确度使用不同的方法来定位特征。如果一开始就不明确准确性要求，就会大大降低所交付数据的质量。为了解决这一困境，BIM经理应该为测量师创建一份“调查简报”，详细说明所有与BIM相关的数据要求。该简报包含BIM文件格式、基准位置、单元和协作系统，以及明确的要调查的内容和LOD。

在这一BIM支持的工作流的推动下，咨询顾问/测量师之间的互动能贯穿整个建筑生命周期，而且能够持续性地进行更多的地理空间数据的交换。（总）承包商可以利用由此产生的BIM数据进行数字放样以及与BIM相关的现场其他工作。

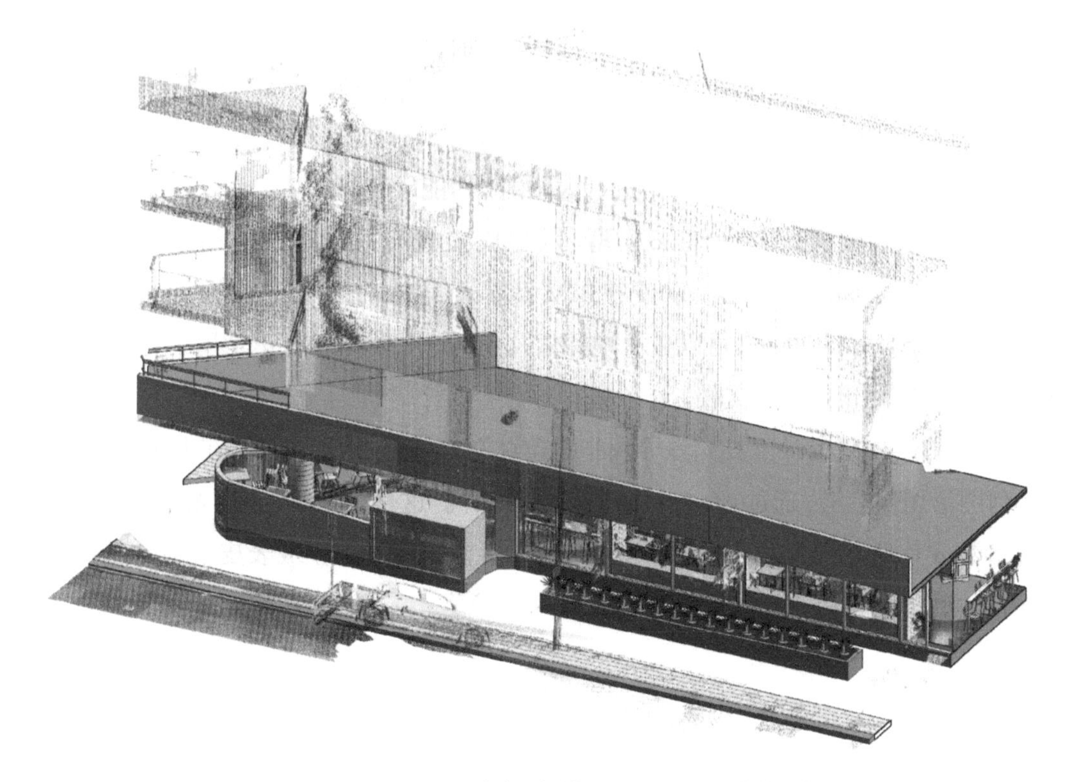

图3-9 AAM Pty公司的点云扫描——Revit咖啡馆模型样本

二、表皮模型与 BIM

在分析设计实践中的过程时，很少会发现项目是直接在BIM软件（应用程序）中启动的。BIM工具经常被认为是限制早期设计探索的工具，取而代之的是用于模拟3D表皮模型的工具。什么是正确的时间，从用于初始形态分析（form-finding）的拓扑模型转移到BIM的正确方法是什么？ 一个“后BIM”几何模型难道不是最初建立的一种面向对象装配和数据关联的思想吗？或者说，在BIM中修改进行重新建模是否更明智，如果是的话，从初始表皮模型中可以得到什么作为参考呢？

在项目中移动到BIM中的正确时间的单一答案是不存在的，这取决于各种因素。BIM经理需要根据团队的现有技能、可以使用的软件、项目负责人的偏好以及各个项目阶段的期望输出来帮助确定最佳的路径。一种策略是将两种表皮模型进行形态学分析，同时与同一项目的BIM体量模型并行进行定量反馈。著名建筑师Woods Bagot最近在澳大利亚墨尔本交付了NAB 700 Bourke街大楼，其中，工具生态学在设计和记录复杂的立面系统方面发挥了重要作用。最初，立面元素的形态通过3Ds MAX和Rhino的数字草图进行了改进。然后，使用Rhino插件Grasshopper进行了参数化改进。最后，将几何信息导入到Autodesk的Ecotect中进行太阳能/性能研究。

基于此性能分析，更新Rhino模型，以生成楼板与立面连接的精确边界。然后将这些线作为关键参考导出，以便在BIM设计工具Revit中重建立面系统。Rhino/Grasshopper让Woods Bagot可以自由地探索几何关系；而Revit，正是用于可视化NAB Docklands项目的正确工具文档。

如上所述，BIM设计工具允许导入非面向对象的几何图形。但是，在大多数情况下，此几何图形用作参考，通过BIM设计工具重建设计。这是一条单行道，无法将几何数据通过参数或其他方式关联到BIM。最终，意味着首先应用于生成表皮模型的逻辑不能在BIM中转换为有信息的对象。

NAB 700 Bourke 街，颜色分布在里面系统的爆炸轴测图中　　NAB 700 Bourke 街，颜色分布和表皮面板的特写镜头

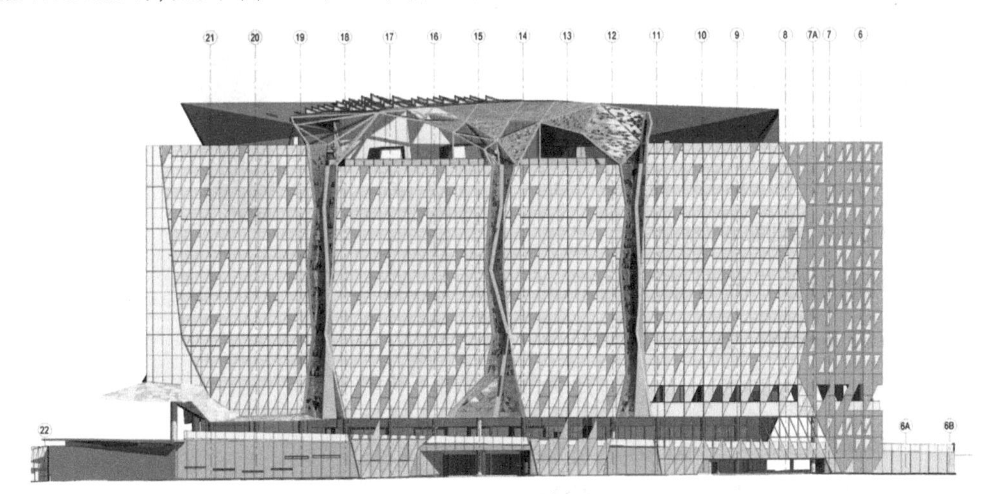

NAB 700 Bourke Street，东立面

图 3-10　NAB 700 Bourke 街的表皮模型与 BIM

最近，解决方案正在出现，以弥补“灵活”的表皮模型和面向对象BIM之间的分歧。Geometry Gym公司的Jon Mirtschin开发了一系列工具，允许这两种范式进行交互。在所开发的工具帮助下，自由形状建模工具（如Rhino）中生成的几何图形可以导入BIM设计工具（有可能是一种智能IFC转换器），其中几何图形被分解为设计软件可以解释的元素，并可以添加附加的对象属性。CASE公司的合作人兼实施总监（Director of Implementation）Nathan Miller研发了数据计划器（data schemers），允许表皮建模软件和BIM软件之间实现智能、实时的关联。Rhynamo是Autodesk Dynamo的扩展（在本章后面讨论），它允许读取和写入Rhino文件；该过程允许维护表皮模型工具和数据量大的BIM平台之间的动态链接。通过提取人们感兴趣的几何信息并进行几何定义，Rhynamo使BIM软件能够解释该信息。

三、BIM接口与工程分析

传统上，数字建模最浪费的方面之一是文档/可视化目的建模与仿真和分析目的建模之间的分离。换句话说，在过去，工程师通常需要重新对建筑师的设计进行建模，以适应他们应用于性能分析仿真软件的特殊需求。更糟糕的是，一个适合环境设计师进行日光分析的模型通常不适合结构工程师进行分析，也不适合消防工程师进行烟雾扩散测试。造成这种脱节的原因在于带有语义的几何模型（semantic geometric model）表示的差异，无论是表皮模型、中心线模型（centerline model）还是实体几何定义。除了对几何数据的不同要求外，不同的分析工具还需要对几何实体进行不同的分解，

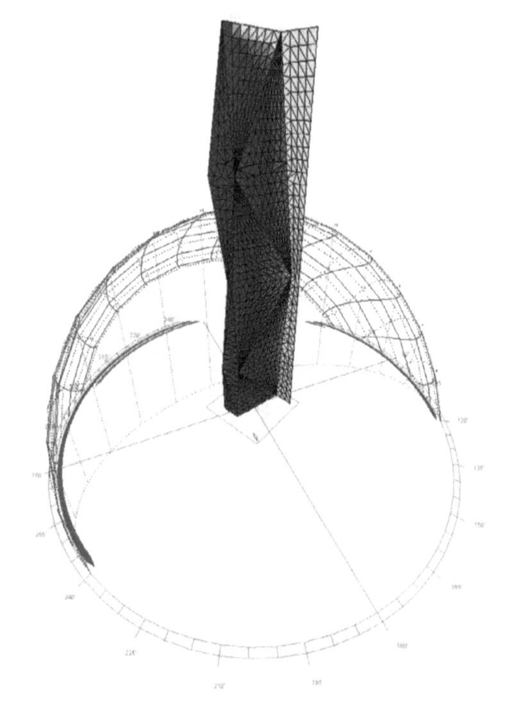

图3-11　NAB 700 Bourke街表皮元素的生态分析

以便能够计算性能数据并得到精确的仿真响应。这些问题，使得过去几乎不可能使用一个模型进行设计、2D文档管理、3D可视化以及性能分析。由于许多模型并行存在，不同专业背景的人员，特别是工程师，每次建筑师更新其设计时，都必须分析几何信息并重新建模。

BIM几何配置方式的进步以及BIM和分析软件之间接口的进步，使得行业中的利益干系人越来越多地在设计和分析软件之间建立实时链接的模型信息。一些软件提供商致力于定制翻译器，将BIM数据从设计工具传输到他们的软件套件中的分析工具中(如从Revit到Robot)。在使用来自不同软件公司的应用程序的情况下，可以通过自定义开发计划器(参见Geometry Gym公司)或数据管理工具(如Dynamo/Rhynamo)将分析模型数据和BIM连接在一起。IFC格式通常是最大限度地传递几何和非几何信息所需的公共媒介。

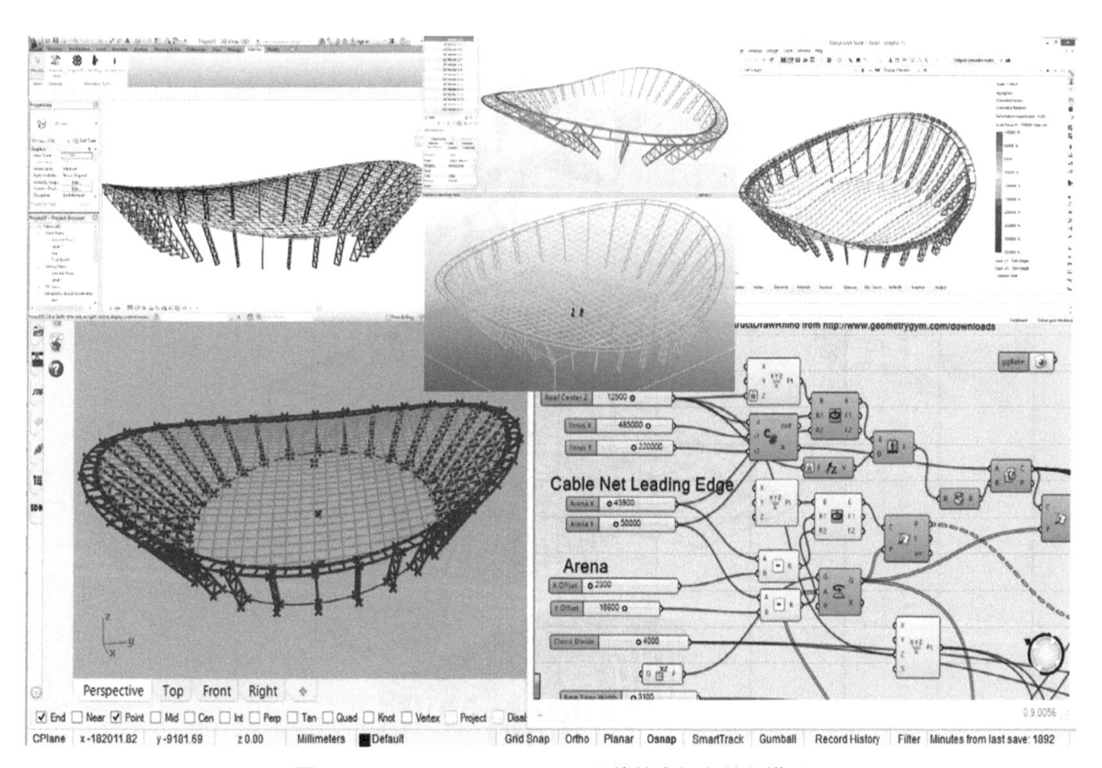

图3-12 Geometry Gym公司的体育场参数化模型

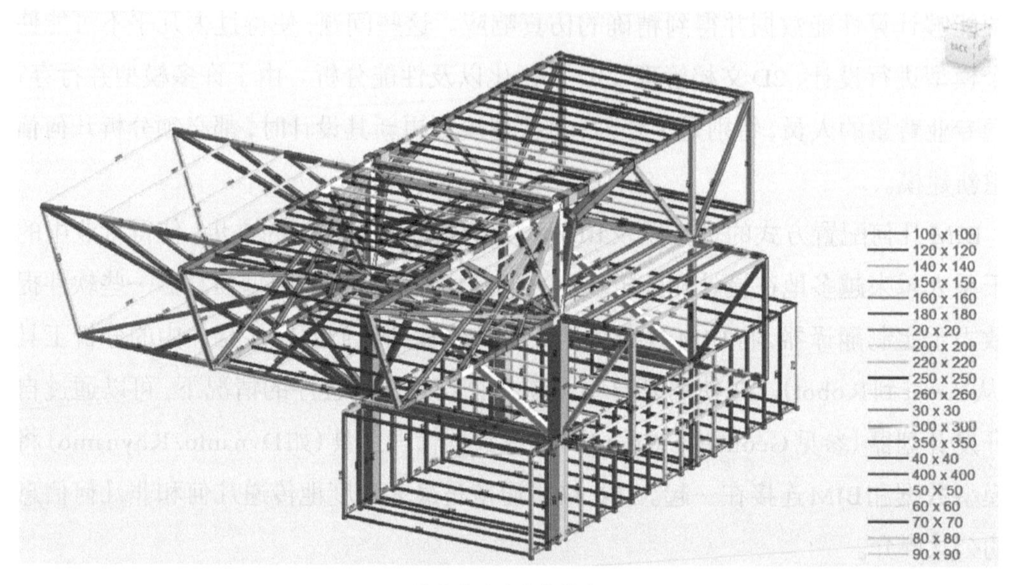

优化截面的构件排布

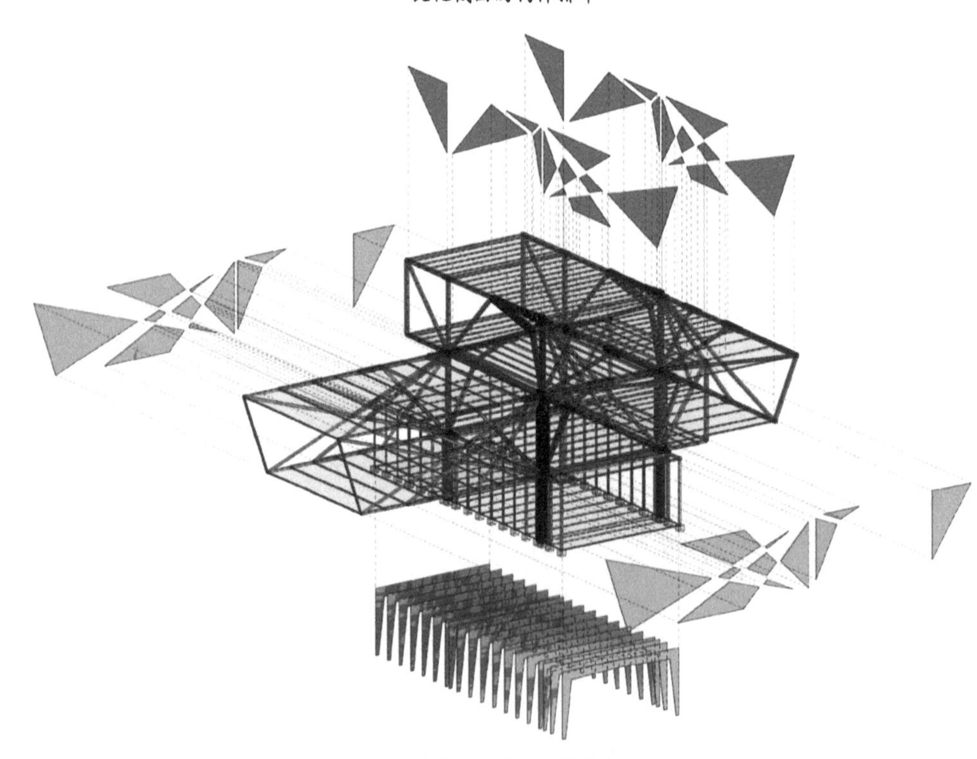

从 BIM 文档中派生出的爆炸轴测图

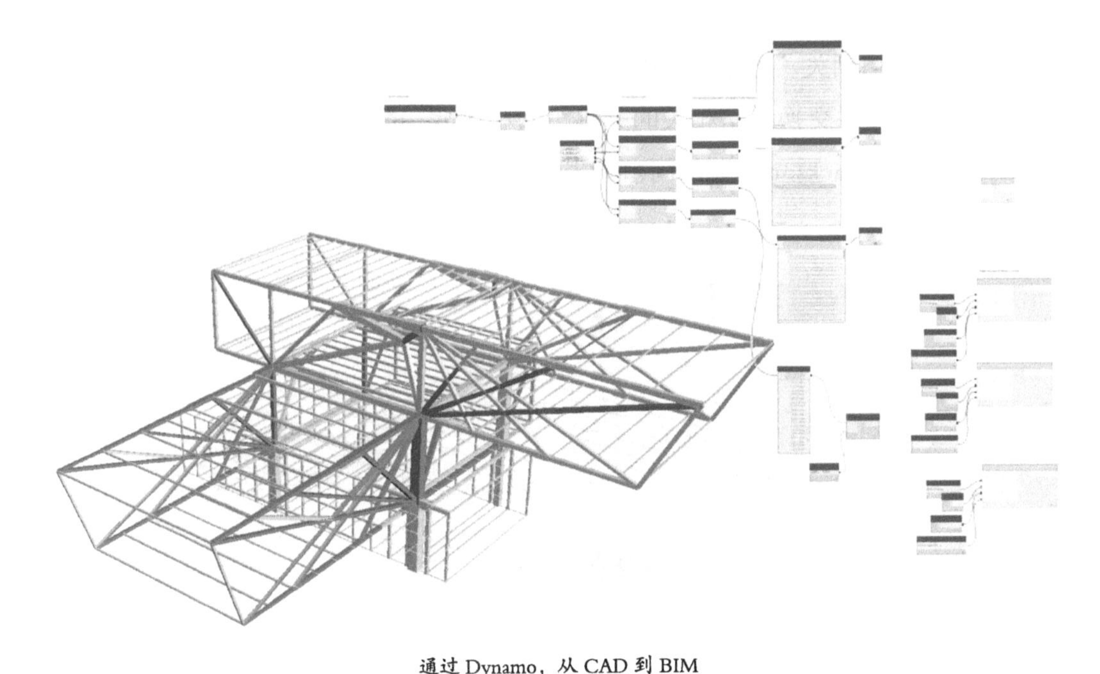

通过 Dynamo，从 CAD 到 BIM

图 3-13 BIM 接口与工程分析示例

四、IFC 的问题

任何BIM经理，在某种程度上都会面对IFC。在撰写本文时，IFC是一个经常被热烈辩论的BIM主题之一，受到那些参与其核心概念的人的欢迎，也受到一些经历过其丑陋方面的人的诅咒(如果可以这样说的话)。许多关于IFC的原则和用处的文章已经很多了，这里没有必要重申任何这方面的信息。然而，与BIM经理相关的是，理解在项目中使用IFC的实际影响和意义，以及如何构建相关支持，以促进其在整个组织中的使用。

最活跃的IFC用户和评论员之一是英国Bond Bryan建筑师事务所的助理总监(Associate Director)兼BIM经理Rob Jackson，他反映了IFC为其组织工作的成功因素。他曾经报告说："事实上，需要仔细地理解IFC才能充分利用它。你必须了解它是如何工作的，必须了解你正在导入的软件和你要导出的软件。在BondBryan，通过IFC格式强有力的导入/导出，最大限度地提高了BIM数据保真度。其中一个关键步骤是雇用一名对IFC有深刻理解的工作人员。这一关键步骤与BIM设计工具之间对IFC文件交换的集中测试密切相关。”换言之，BIM经理不应期望IFC可以立即开始工作。为了调查和理解与IFC文件交换方法相关的关键机遇和挑战，进行测试和运行是值得的。在BondBryan中，RobJackson和他的同事们采用了某种方法，在不同的环境下测试了IFC数据交换。

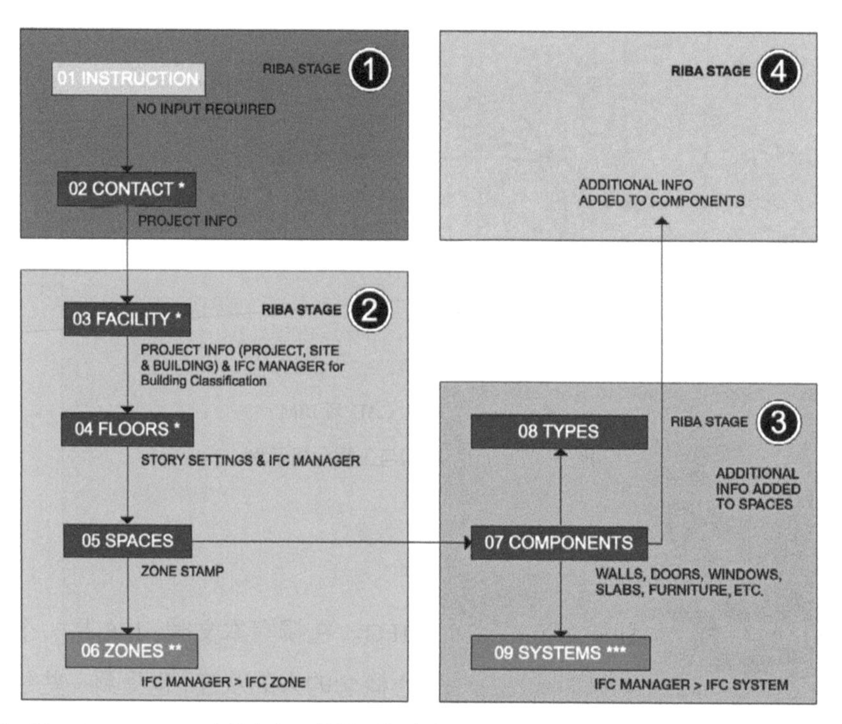

图3-14 Bond Bryan 建筑事务所的模型创建流程图，与2013年RIBA工作计划保持一致（术语符合COBie-UK-2012 / PAS 1192-4：2014）

Bond Bryan建筑事务所将IFC的使用提升到了下一个层次：在整个项目阶段中基于BIM数据去构建模型检查过程，而BIM数据可以通过IFC进行连接；此外，将这一构建方法与国家信息框架[如RIBA工作计划和英国公开规范（PAS 1192-4：2014）]相结合，并通过COBie工具提取BIM数据。在这里，IFC成为确保一系列软件应用程序之间一致性和互操作性的强大媒介，其输出集中在其BIM协调和检查平台Solibri中。这种严格的方法允许他们输出一致的BIM数据，这些数据符合COBie原则，不管客户是否具体规定了COBie的使用。

Rob Jackson在谈到EIR、IFC和COBie之间的联系时说：

“如果客户知道他们想要什么，那就太好了！客户在设计团队成立之前将其写入雇主信息要求（EIR）文档中，我们仍然会将我们的方法与IFC（和COBie）保持一致，因为我们需要将大部分信息用于其他目的，并且需要一致的方法来生成和验证信息。即使在英国也存在困难，大多数客户不知道自己想要什么（我们的大多数客户都是一次性客户，以前从未参与过建设过程），也没有发布EIR。有些人在处理过程中晚些时候要求提供数据时，已经太晚了。但无论客户想要什么，他们的数据交付都应该符合开放标准。”

五、通过数据接口驱动BIM

虽然建模过程是BIM早期的关键活动，但BIM经理现在知道，需要用添加、选择和操作BIM固有数据的方法来补充几何创建，而典型的BIM设计工具只提供有限的功能。不过，整个行业已经出现软件应用程序提供数据和几何学之间的智能连接。在大多数情况下，数据接口应用程序以插件的形式链接到核心BIM设计平台中，以执行数据选择、格式化、操作和交叉引用等辅助任务，这些工具已经成为BIM经理的强大盟友。

在BIM设计或协调工具的标准功能之外，BIM数据操作背后的主要动机很容易解释：大多数标准BIM设计工具最初既不是数据管理环境，也不是协作平台。从历史上看，BIM工具非常注重面向对象的建模和虚拟装配。在整个开发过程中，工具开始适应这些功能，并且越来越多地这样做。在某些情况下，软件开发人员为他们的标准BIM设计平台提供附加工具，而在其他情况下，正是第三方开发人员创建了针对特定BIM工作流瓶颈的小众应用程序。

这些软件应用程序在BIM内部或外部支持的数据管理类型是多种多样的：一些工具侧重于整理、操作、调度和报告深入嵌入到BIM对象属性中的数据（有时通过Excel电子表格实现），它们有助于自动化解决繁琐和耗时的重复性任务（如图纸创建、批量打印或文件导出）。另一些工具涉及BIM内容库内部或跨库的BIM内容管理。还有一些则涉及与BIM对象相关的数据集的2D文档的交叉引用信息。7Tools，像Affinity或dRofus这样的工具，可以帮助设计人员分析空间语法（spatial syntax）和房间布局，还有一些允许用户引入使用颜色编码的3D模型元素交叉引用数字数据（numeric data）的视觉提示工具。在某些情况下，第三方工具为现有的BIM设计软件添加了实用的新功能（例如重命名、重新划分BIM数据或重新编号）。

近年来，周边BIM软件有两个主要的发展，值得仔细研究。第一，专门从单个模型中提取BIM数据，然后在基于云的数据管理和协作环境中提供这些信息的软件产品激增。当使用这些工具时，BIM经理的工作流将从组织内的"孤独BIM"转变为越来越倾向于云和项目团队的"社交BIM"。

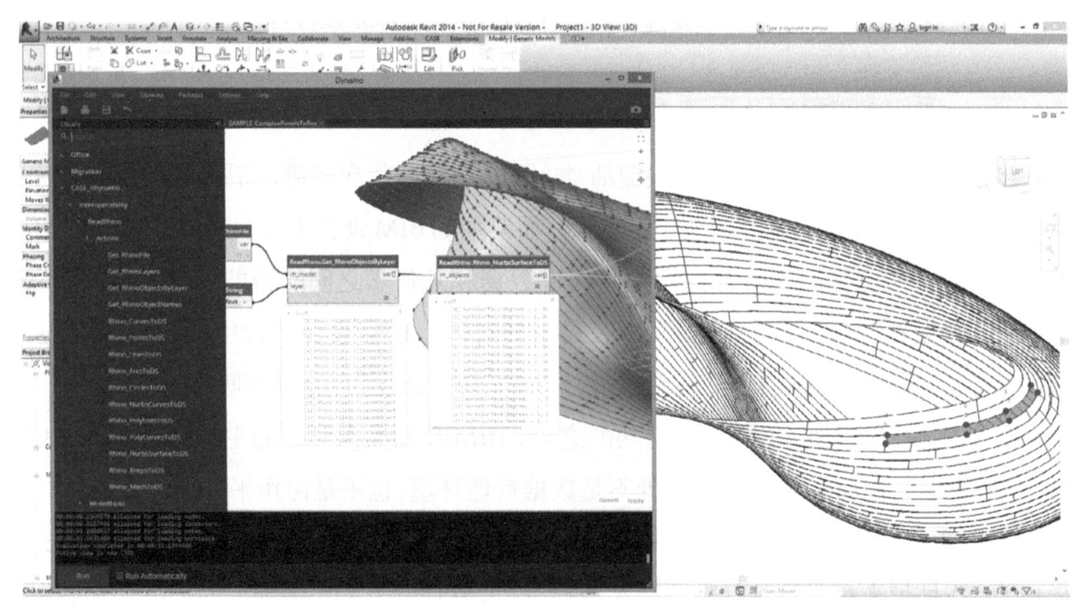

图3-15　NURBS模型通过Rhynamo接口到Revit

第二，一种直观地管理BIM数据（特别是数据间不同方面之间的关系）的新方法正在出现。借助Bentley的Generative Components，首次引入AEC行业的可视化脚本界面，后来由McNeel的Grasshopper进行了改进，后者类似于Dynamo（Revit的一个开源插件），它通过一个非常直观的界面为用户提供基于规则的数据操作。Dynamo允许那些不是编码专家的用户直接访问Revit应用程序编程接口（Revit API），以便定制特定的功能。从这个意义上说，Dynamo是可扩展的，用户和可用应用程序的社区正在迅速增长。起初，Dynamo与McNeel的 Grasshopper不一定有着很大的相似之处。这两者都允许用户将可视化脚本应用于界面设计信息，从而添加规则来管理不同输入集之间的关系。尽管Grasshopper主要用于管理影响设计形态的几何关系，但是Dynamo为用户提供了操纵项目数据的强大访问权限。Woods Bagot的设计技术总监（Director of Design Technology）Shane Burger因此认为："Dynamo不仅仅是复制Grasshopper。"这一观点得到了BIG的BIM经理Jan Leenkengt的支持，他补充道："既然Dynamo已经成为一个可行的工具，我们认为对内部编码专家的需求减少了。以前不可用的项目数据可以相当直观的方式访问和操作。我可以在更深的层次上与软件进行交互，而无须编写代码。"

通过这些强大的接口，管理模型中任何地方的数据（以及将其与外部源进行接口）的可能性都是无限的。我们可能会体验到相应软件应用程序的激增，这将促进建模和数据管理过程之间的紧密联系。

图3-16 NAB 700 Bourke Street，3D渲染

六、BIM到三维可视化、4D甚至多维

在过去的几年里，三维几何的可视化输出选项已经扩展。如果早期中经典的“渲染”是主要的结果，那么之后动画视频则很快地出现了。今天，可视化已经有了许多种不同的形式。简陋的渲染仍然是一种常见的输出方法，但是游戏引擎技术，如Unity3D、UnReal或Lumion越来越多地被用于3D虚拟环境，为客户和其他相关方进行访问和导航。此外，像OculusRift这样的可穿戴设备的出现，则加强了模型的沉浸式体验。

在BIM经理对这项技术的可能性感到兴奋之前，他们应该考虑将BIM导入游戏引擎环境的所需设计解决方案和途径。根据实际使用情况，对于高质量的游戏引擎输出来说，原始BIM模型的视觉效果往往太低，同时，几何图形可能会被过度解析，多角形计数可能会挑战现有的硬件。在BIM设计软件中有一些设置标准纹理的选项，这些选项可以传递给可视化工具。在那些工具中，可以应用纹理的附加定义(多边形计数也会减少)；然后，这个模型信息可以被传递到与可穿戴设备交互的虚拟现实软件中。对于需要更高级输出、较大的项目，硬件限制将减少多边形计数并对几何可视化进行更多的控制，使专用软件中BIM的输出更加合理。

从BIM导出图形输出的另一种形式是过程可视化捕获。重点不在于照片真实感的输出，而在于通过一系列图像(或电影)来说明建造过程。这种对施工进度的4D BIM编程与为总承包商工作的项目经理在现场的各种活动的计划和安排有关。它提供视觉反馈，帮助项目经理和其他人在施工前和施工期间分配活动和管理资源。这种可视化形式背后的原理很简单：单个行业的工作顺序在一个通用甘特图[通过使用独立的BIM协调工具或通过将这些工具与调度工具(如MS Project或Primavera)相关联]中得到时间排列，然后在3D BIM环境中与参考的建筑活动和设备位置同步。这样，当甘特图被动画化时，施工顺序就会展开。

定制序列插件/工具中的高级功能允许用户将临时工程添加到永久工程、施工机械(如起重机移动)或添加施工人员的实际移动到动画中。此外，还可以将过程可视化捕获的基本模型导出到专用的渲染工具中添加纹理/灯光，提高动画的输出质量。这样，4D可视化输出可以进一步向客户或其他相关方演示施工过程。

承包商可以通过这种形式的过程捕获来加强“现场安全”，因为可以提前识别潜在

的风险。BIM协调工具如Solibri，有几个内置的规则检查选项，用于自动检测设计缺陷。在这些工具中，当地与安全相关的法规可以一种方式被编码，这样就可以自动标记安全问题，供团队审查。

七、从BIM到预制

BIM变得越来越重要的一个方面是从设计到制造的自动化。无须通过构成合同交付的2D文档来抽象信息，就可以直接制作出一个车间模型，这是BIM发展中很合理的一步。这个过程并不适用于每个设计。如果要装配的建筑对象或系统基于一组标准化或模块化组件，或者这些组件可以很容易地用现有设备制造，则最有意义。钢结构元件、机械/液压管道、立面系统、结构木材等，都是合适的应用。BIM经理在分包商和制造者层面上，

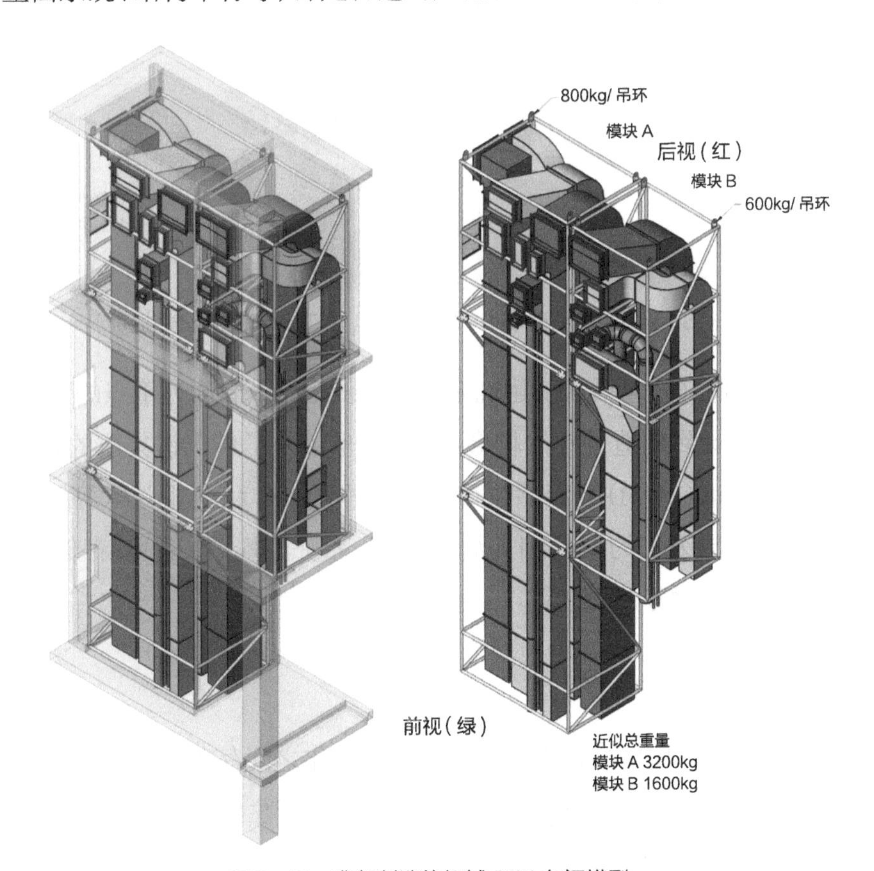

图3-17 准备制造的机械BIM车间模型

应该通过BIM掌握快速制造过程中潜在的机会。实现这一目标的两个主要途径是：使用诸如IFC之类的开放标准；或者定制行业解决方案，能在预先选定的工具生态约束下最大限度地实现互操作性。一直以来，在汽车和航空航天制造等平行行业中，直接使用虚拟模型进行制造一直很常见。建筑业只是正在缓慢地意识到快速制造和预装系统的机会。

图 3-18　无纸化作业现场——现场 BIM（由 Turner 建筑公司提供）

这一过程的其他好处包括从以建筑为中心的装配向以制造为重点的预制工程和生产过渡。在缩短设计到制造过程的机会的同时，也带来了供应链集成的机会，以及从BIM产生的物料清单（BOM）与产品生命周期管理（PLM）和企业资源规划（ERP）连接的机会。这些系统与公司的交易相关活动有关，如资源规划、采购、存储、质量保证、生产管理、人力资源、财务/薪资等。

八、BIM 无处不在

在办公场所进行的BIM与在现场进行的建筑工作之间存在明显区别的日子已经结束。硬件和软件的技术进步导致设计和施工过程之间产生出更多交互。能够在施工现场访问和查询项目信息，为承包商和其他方提供了巨大的利益。Jon David解释了美国

Turner建筑公司如何在该领域逐步向BIM发展："无纸化作业现场是我们几年前开始实施的。我们正在继续推进移动端应用程序的使用：多个用户访问信息数据库以进行质量控制、安装验证和撰写日常施工报告等。现场工程师和监理通过移动设备每天记录大量的数据。"

来自现场的数据不再仅仅是手工收集的，而是通过条形码扫描仪、RFID(射频识别)标签阅读器、3D激光扫描仪和传感器帮助捕获资产信息和建筑物性能以及其他相关数据。另一方面，来自虚拟模型的数据越来越多地被带到了现场，缩小了设计、安装和调试之间的差距。Atul Khanzode担任DPR建筑公司的施工技术总监，该公司是美国西海岸最著名的承包商之一。他指出，他们的做法使DPR成为使用BIM在设计和施工之间架设桥梁的最成功的公司之一："在DPR，我们拥有大量称之为'工艺员工'的人，与许多大型承包商相比，我们建立了自己的东西。从这个角度来看，我们看到了BIM的很多价值，我们投入了大量的资金来建立我们的BIM资源。BIM管理是内部必需的技能。我们的基本理念是：我们希望在现场安装的人能够生产模型！"

九、从BIM到FM管理

有大量的计算机辅助FM管理(CAFM)软件，涵盖了建筑物在运营和维护期间进行的广泛活动和过程。这些活动包括收集资产登记册中的数据，管理缺陷和调试数据，监控楼宇自动化系统、应急和灾害规划、维护计划等。如果格式适当，则可通过BIM将从规划和施工数据链接到这些工具，对于FM管理人员和资产所有者来说是非常有用的。问题是，FM经理往往不知道将BIM数据链接到CAFM工具的潜力。Benoy公司的全球BIM协调员AndrewTap解释说："传统上FM管理部门从一开始就要求他们提供所需要的信息。即使在移交前六个月，他们的需求仍不清楚，通常要到交接前一个月才会考虑到他们管理设施所需的信息。"

在设计和施工方面的BIM经理通常不太熟悉CAFM系统所执行的任务。将BIM数据链接到FM是近期才出现的工作。自2010年以来，这一工作在主流行业中逐渐增强。英国的2级BIM要求就是一个例子，英国现在正积极推动BIM和FM之间更强的整合。这项任务到2016年时，所有项目和资产信息、文件和数据都是电子的。通过COBie交换数据，是实现BIM与FM连接的途径之一。同时，也有其他软件应用程序支持BIM到FM，集成几何和对象相关的BIM数据与FM管理流程。

另一些工具主要支持在设计和施工期间捕获适用于BIM的房间数据，但他们的开发人员可以通过一个插件来扩展该功能，该插件专门针对超出调试范围以外的FM。历史上，另一些工具来自FM和资产管理领域，它们现在正在增强与BIM模型和相关工作流接口的功能。另一些工具的开发主要是为了给BIM和FM/资产管理之间的接口提供便利（Zuuse和Ecodomus等工具）。一种新的BIM工具旨在全面解决建筑生命周期活动，包括从早期可行性研究到设计、施工和运营的信息管理活动。

图3-19 BIM与FM的数据连接，Zuuse接口

BIM到FM的软件应用程序通常不会取代传统CAFM工具的所有功能。它们可能连接到传统CAFM工具中，并将数据存储机制与直观的设计数据的管理/查询、支持的三维几何引擎以及与其他工具和格式的多种接口结合起来。尽管存在差异，但BIM与FM的工具有一个共同点：它们都倾向于包含支持Web/平板计算机的用户界面，这些界面都考虑了现场活动，同时允许运营商通过多用户访问来管理云中的运营和维护数据。

第七节 未来的发展

正如本章开头所述，技术是BIM最短暂的方面。虽然BIM的社会、专业、法律和商业驱动因素只是缓慢地发生变化，但技术却在不断变化。基于这一事实，对BIM技术未来发展的任何预测都是很困难的。尽管如此，一些趋势仍然开始显现。

BIM技术发展趋势：

1）我们才刚刚开始利用BIM云所提供的优势。项目团队将越来越多地使用基于云的软件作为服务解决方案进行交互，并且他们将越来越多地这样做以支持实时协作。除了开发云之外，还将更多地关注网络速度和可靠性，如使用“瘦客户端”和其他与平台无关的终端用户界面。

2）更高的网络速度和WiFi连接将使我们能够以更大的程度上独立于特定的硬件（挑战当前简章也是IT专家的关注点）。这将导致现场BIM的扩散，并将施工过程与ERP和PLM更好地结合起来。更具体地说：在未来，我们将看到设计、基于模型的规范、资源配置、订购、存储、（场外）预装配、安装流程、质量保证（QA）、调试、进度管理、薪酬和其他与业务相关的活动之间的更直接的接口。

3）设计、工程、文档和施工协调模型之间的界限将会缩小。软件提供商和最终用户将开发智能计划器，使用户能够跨越多个独立工作的应用程序交换模型数据。没有趋势表明，我们将只使用一刀切的全能型软件，取而代之的是具有高度互操作性的工具套件。

4）BIM设计和协调工具将变得更加智能化。越来越多的模型检查将成为标准功能，并可以应用插件，以检查当地的代码和法规。

5）直接从模型上制造。使用2D文件作为传达建筑要求的媒介将减少。随着我们越来越多地将工具生态直接推向生产过程，我们将能够从模型固有的数据集中直接工作来驱动制造设备。负担得起的大规模3D打印和机器人在建筑中的使用，将使我们能够更自由地通过高端技术探索新颖的设计解决方案。

6）数据时代的到来。当涉及通过BIM进行数据管理时，我们只是在触及什么是可能的表面。对于那些掌握几何模型与大量可与之相关的数据源（如GIS）之间的联系的人来说，前景是光明的。建模过程长期以来一直是BIM的前景；现在我们将注意力重新集中在利用设计技术作为管道，将来自无数来源（如商业、运输、食品生产和环境可持续性）的数据集连接到我们的建筑环境的潜力。这种融合将从使用BIM验证投资组合或与企业相关的关键绩效财务数据的客户开始。然后，它将扩展到区域和城市信息模型的建立，并进一步扩散到全球建筑环境中。

据我们所知，技术将继续改变BIM。BIM经理需要了解这些发展，并在对组织的战略思考和支持中考虑到这些发展。下一章将重点关注BIM经理的关键任务，即建立一个支持基础设施，以便为组织内部和更广泛的项目团队有效交付项目。

感谢对本章提出想法和见解的专家：FXFOWLE公司的Alexandra Pollock、HOK的Brok Howard、Turner建筑公司的Jon David、Bond Bryan建筑事务所的Rob Jackson、Woods Bagot公司的Shane Burger、BIG的Jan Leenknegt、DPR建筑公司的Atul Khanzode和Benoy的Andrew Tape。在2015年春季期间，作者与他们进行了深度访谈。

第四章

建立一个 BIM 支持基础架构

开发一个BIM支持基础架构，使其他人能够实施BIM，是BIM经理这个角色最核心的任务。虽然扎实掌握的技术能为实施提供必要的工具，但只有通过精心制订的变革战略才能建立这一框架。最终，一个完善的、表达明确的BIM支持基础架构有可能超越单纯的运营，并使那些与BIM一起工作的人能够在他们的工作中脱颖而出。

帮助他人采用BIM是一项多方面的任务。除了精通技术之外，还需要深入了解众多的标准、政策、软件、流程和解决办法。将这些知识整合到易于理解的指南、教程和其他形式的支持材料中并在员工中传播这些材料，是BIM经理的一门艺术。本章讲解了BIM经理如何制订BIM标准和其他指南，构建他们的BIM内容库，建立和推进BIM执行计划，并制订一个经过深思熟虑的BIM培训计划。本章还探讨了BIM经理如何扩大其内部BIM支持基础架构，并传播他们的知识以促进对等支持。

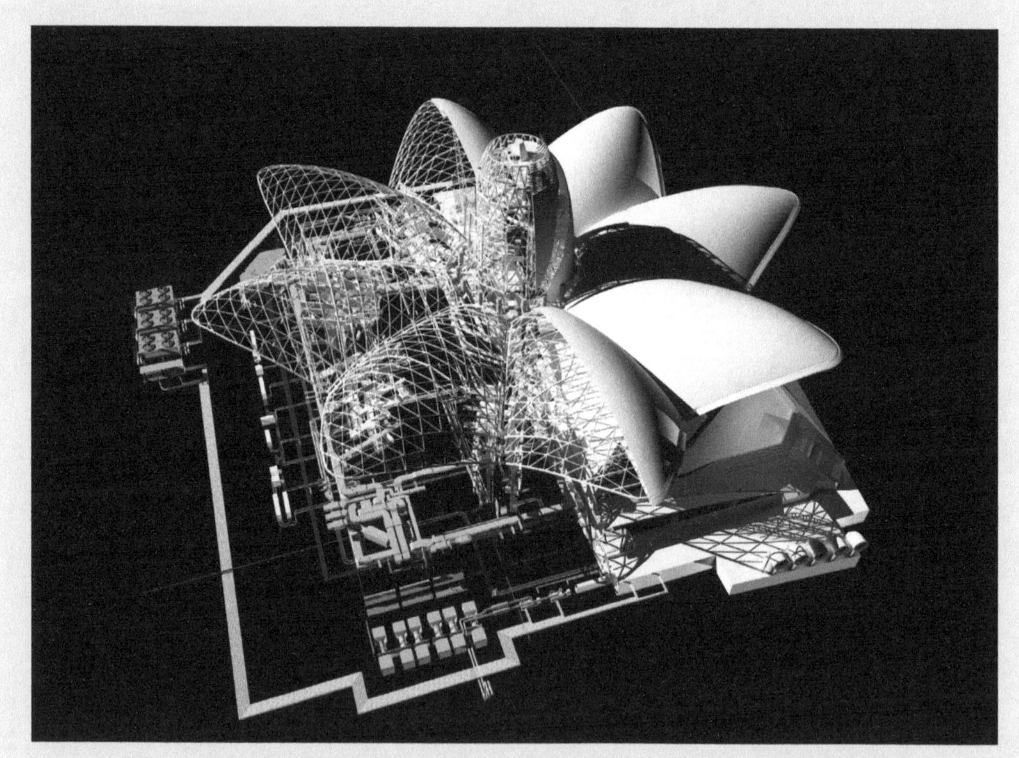

图4-1　阿塞拜疆共和国首都巴库 Caspian Waterfront（由 Benoy 建筑事务所设计）

第一节 传播BIM

关于BIM的最佳实践，第一章解释了为什么随着时间的推移，BIM将成为项目交付的一个组成部分。为了达到这一目标，BIM经理有义务提高员工的BIM技能，并帮助他们使用BIM提高公司内的生产力。这样做时，他们不需要从头开始。世界各地的许多行业公司已经开发出支持材料来完成这项任务，例如英国的RIBA数字工作计划和NBS BIM工具包、新加坡BCA的BIM指南以及芬兰的buildingSMART 公司的COBIM。BIM经理有责任充当自上而下的信息/需求的管道，以便与内部建模和员工的协调过程保持一致。

BIM经理需要紧盯各种信息，如国家政策和规范、指导文件、合同形式、最新工具的发布、市场变动等，这都是为了让员工们获得正确的支持并实现更高的生产力。BIM经理将这些外部影响与公司期望的BIM能力结合起来，并建立变革的路径。英国领先的多专业咨询公司之一BDP项目技术经理（Project Technology Manager）Lee Wyles这样解释道："我们已经开始执行一项监管工作流的任务，并就如何实施设计技术和BIM提供了清晰的路线图。"

BIM经理都梦想这样的场景：好似机器一样良好运转的团队成员，他们在BIM协作中，几乎不需要外部帮助。BIM经理有责任帮助他人提高技能，这种情况下，BIM需要专家的投入，通过"内部支持"材料和优化工作流程的标准来支持他们的日常行动。BIM经理允许那些交付项目的人专注于他们的核心可交付成果，而不是被视为所谓的辅助任务或过程。因此，BIM经理需要了解如何帮助他人或引导他人进行自我帮助。

从本质上说，相当多的建筑设计、工程或者施工公司的员工会本能地把BIM相关的所有任务都交给BIM经理去做。如果不提高员工的技能，BIM经理如何才能避免被误用为临时项目支持呢？ BIM经理必须在给予支持、允许他人学习和提升自己的技能之间取得正确的平衡。在技术方面，BIM经理往往是一群专注于设计、工程、项目交付等的多面手中的不同专家。这些人中，很可能绝大多数不可能为了掌握BIM的最新发展而投入他们的时间。

归根结底，对员工来说，最重要的是BIM能对他们的项目工作有直接和积极的影响。而问题就在于此。最直接的方式是BIM经理要经常与需要帮助的员工进行一对一的沟通。然而，从长远来看这种方法是不可持续的，BIM经理需要寻找不同的方式来传播或者“大众化”他们的知识。实现这一目标的一种方法是协助培养一群BIM技能高于平均水平的员工，让这些“模型经理”——BIM建筑师、工程师或者项目BIM负责人，变成公司BIM战略和普通员工之间的中间人。另一个关键的方法是编制企业内部支持材料。

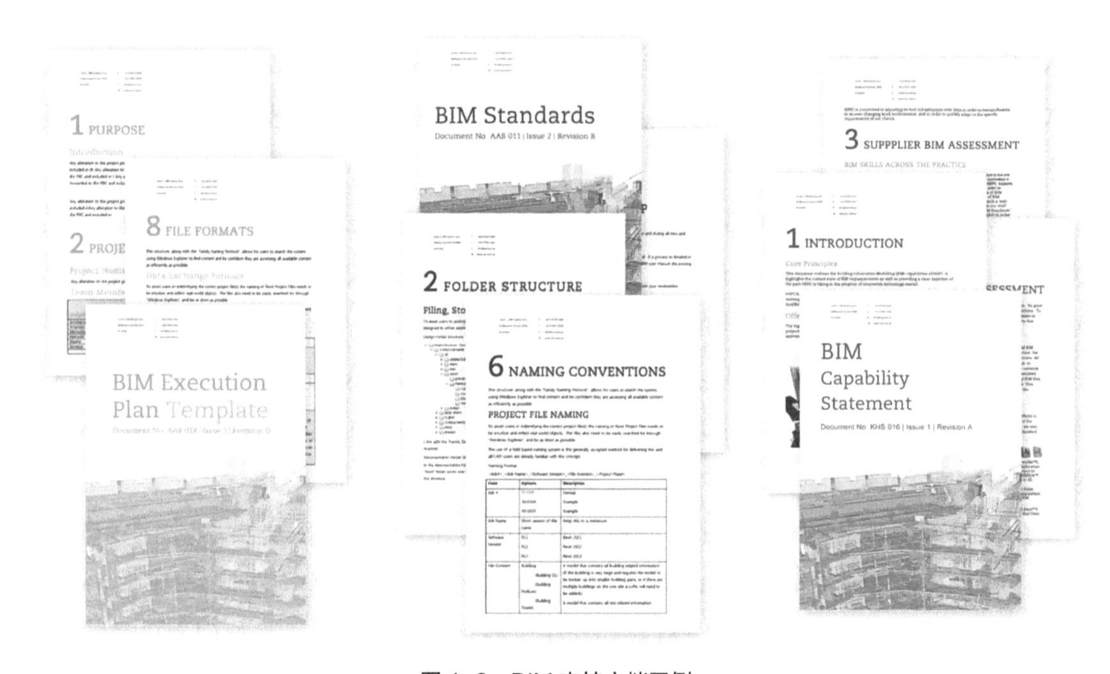

图4-2 BIM支持文档示例

推广支持材料的媒介通常是由BIM 经理和他的团队制作的印刷文档、在线资源、BIM内容库和模板等。BIM经理经常犯的最大错误之一是认为大量的支持文件就等同于大力支持。 实际上，普通的BIM操作人员很少阅读这些文件。 他们忙于工作，在BIM方面只是想得到对他们有用的解决方案。因此，BIM经理有责任通过不断宣传其内容来补充编写辅助材料。BIM经理应在新员工上任后、项目启动会议、定期的项目审查会以及与模型经理和高层管理者的研讨会上，或者通过定期内部BIM/技术通讯，抓住一切机会进行辅助材料的编写。

此外，在项目级及以上类型的项目，为了达到最佳实践，BIM经理需要很好的沟通技巧去共享一小部分信息。在某些情况下，员工只需知道存在特定的标准或指南，就可以在项目工作时引用（并坚持）这些标准或准则。在这种情况下，员工需要知道如何查找他们想要的信息。一些支持材料如模板或BIM内容库组件（BIM Library components），BIM操作员需要以最有效的方式找到并访问它们。还有一些支持材料如BIM执行计划模板，与项目负责人最为相关，但是，它们需要在项目的各个阶段被引用和更新。BIM知识的传播也取决于企业的规模和类型。

作为一个公司，需要了解哪些关于BIM的关键信息点？下一节列出了需要BIM经理特别关注的支持领域。在过去，BIM经理会去逐一解决这些领域的问题，但现在它们越来越系统化了。业主BIM需求对如何建立企业内部BIM标准开始产生一定的影响。这些标准涉及员工能力和资源，反过来也影响BIM执行计划中的内容。一些BIM支持材料在整个项目的生命周期都保持不变；但还有一些其他的支持则需要不断调整。哪些是需要了解的，哪些需要在项目各个阶段进行建立，BIM经理需要对这两者进行平衡。

第二节 以终为始——来自业主的信息需求

“业主并不知道他们想从BIM中得到什么”这是许多BIM经理拿到业主需求时的一个共同观点，但他们又被要求按业主的需求照做。为什么BIM经理对业主的理解如此怀疑？从历史上看，业主宣称的期望（有时并不明确）与顾问和承包商的BIM目标不一致。换句话说，业主通常没有从BIM中得到他们期望的附加值。由于业主觉得设计和施工团队在BIM方面过度承诺，答应了却没有做到，因此不合理或者沟通不畅导致的交付成果常会让他们失望并产生挫败感。

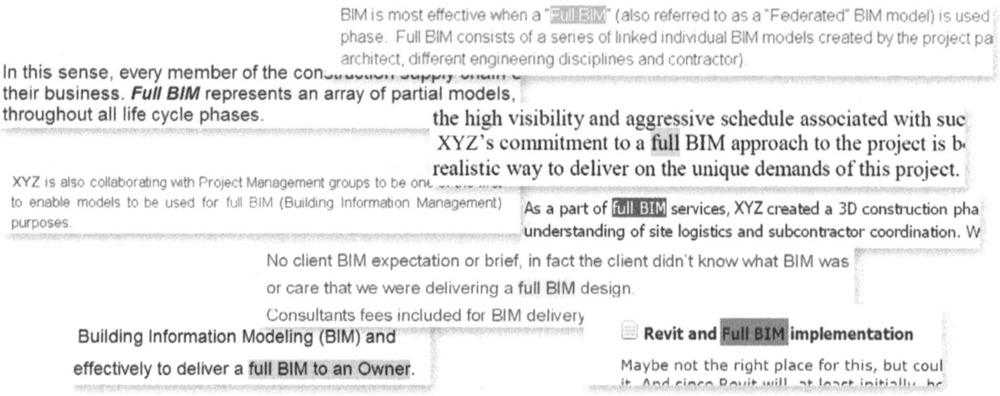

BIM is most effective when a "Full BIM" (also referred to as a "Federated" BIM model) is used
phase. Full BIM consists of a series of linked individual BIM models created by the project pa
architect, different engineering disciplines and contractor).

In this sense, every member of the construction supply chain
their business. ***Full BIM*** represents an array of partial models,
throughout all life cycle phases.

the high visibility and aggressive schedule associated with suc
XYZ's commitment to a full BIM approach to the project is b
realistic way to deliver on the unique demands of this project.

XYZ is also collaborating with Project Management groups to be one
to enable models to be used for full BIM (Building Information Management)
purposes.

As a part of full BIM services, XYZ created a 3D construction pha
understanding of site logistics and subcontractor coordination. W

No client BIM expectation or brief, in fact the client didn't know what BIM was
or care that we were delivering a full BIM design.
Consultants fees included for BIM delivery

Building Information Modeling (BIM) and
effectively to deliver a full BIM to an Owner.

Revit and Full BIM implementation
Maybe not the right place for this, but coul

图 4-2　项目简报和其他文件中的"完整 BIM（full BIM）"摘录

这种情况并不令人惊讶：咨询公司和承包公司的BIM经理通常只关注BIM对其公司的直接好处。不过，向公司内部的决策者证明他们做了什么并为其做一个商业案例，实际上是很困难的。事后猜测BIM的价值，向业主添加BIM的价值，这会使BIM经理面临风险，即增加可能不属于其专业服务协议的可交付成果。如果最初BIM经理没有介入进来而且与公司的传统交付项目没有关系，为什么BIM经理要关心业主的BIM需求呢？

对于这个问题，有一个简单的答案：雇主信息要求（EIR）。EIR是一种机制，让业主在要求实施BIM时声明他们想要的是什么。EIR构成了一个关键工具，使设计团队的BIM输出与资产所有者和经营者期望的BIM利益相一致。EIR不会郑重地报告在建设结束时要移交的信息，但它们的目标是在项目生命周期的关键点为业主提供决策支持。全球建筑行业开始重新思考在向业主提供的服务范围内应包括哪些内容。在大多数情况下，人们都清楚地认识到，将BIM数据交叉引用到FM的结构化信息为他们提供了广泛的增值。不过，仍然需要解决的问题是：谁在为业主提供可用的BIM信息？如何改变收费结构，以补偿做了相应工作的一方？如何才能减轻这种劳动力再分配带来的风险？

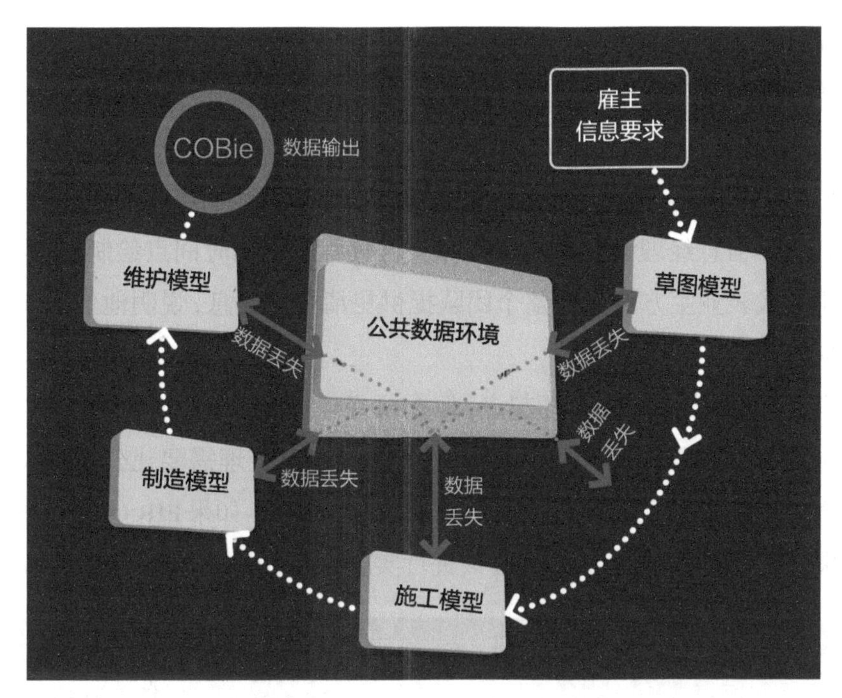

图4-4 雇主信息要求背后的原则

EIR背后的概念是国际BIM术语的最新补充。它们首先由英国BIM工作组在其PAS 1192-2文档中引入，EIR解释如下：

EIR描述了在每个项目阶段需要生成哪些模型以及所需的详细程度和定义。这些模型是“数据交换”中的关键可交付成果，有助于项目关键阶段的有效决策。

据英国BIM工作组所述，EIR涵盖的三个主要领域涉及技术细节，如软件应用程序的使用和模型详细程度（LOD）定义、与管理流程相关的细节以及与信息移交时间有关的商业细节。

要求主要关注项目设计和交付的BIM经理来考虑这些需求，似乎是不寻常的。说实话，理想情况下，EIR应该从业主方声明。他们最适合确定什么样的信息将最好地支持他们的内部流程，以持续运作和维护他们的资产。难题仍然是，大多数业主对BIM还没有足够的了解，无法将他们的信息需求转化为简明的BIM概要。正如英国BIM工作组所承认的那样，业主很可能依赖于来自设计团队和项目团队的支持来编写他们的EIR。他们目前正在经历一个学习过程，随着时间的推移，他们将能够熟练地制订EIR。

BRE的Paul Oakely是这样说的："大多数业主还没有制订出像样的EIR；但我们要使业主意识到表达他们所追求的利益是至关重要的。此外，他们还需要指定一名信息经理(Information Manager)，负责交流EIR的可交付成果，并确保项目团队能够交付！"理想情况下，业主向项目团队介绍信息经理的角色，以便根据他们声明的EIR，管理与BIM相关的信息流。信息经理会在项目规划和交付过程的不同时间点绘制出这些EIR图。在此角色中有代表业主方的人为整个团队提供更清楚的信息，说明他们正在努力实现明确的BIM输出。

理解业主的EIR是一个关键的起点，但BIM经理需要注意：如果他们把技术上的可能和商业上的可能混淆起来，他们很容易被难到。BIM经理需要让公司的决策者参与进来，以确定预期BIM产出与合同协议保持正确且一致。如果EIR的任务超出传统的可交付成果，那么受影响的相关方就应该进行实质性的对话，以相应地调整费用。

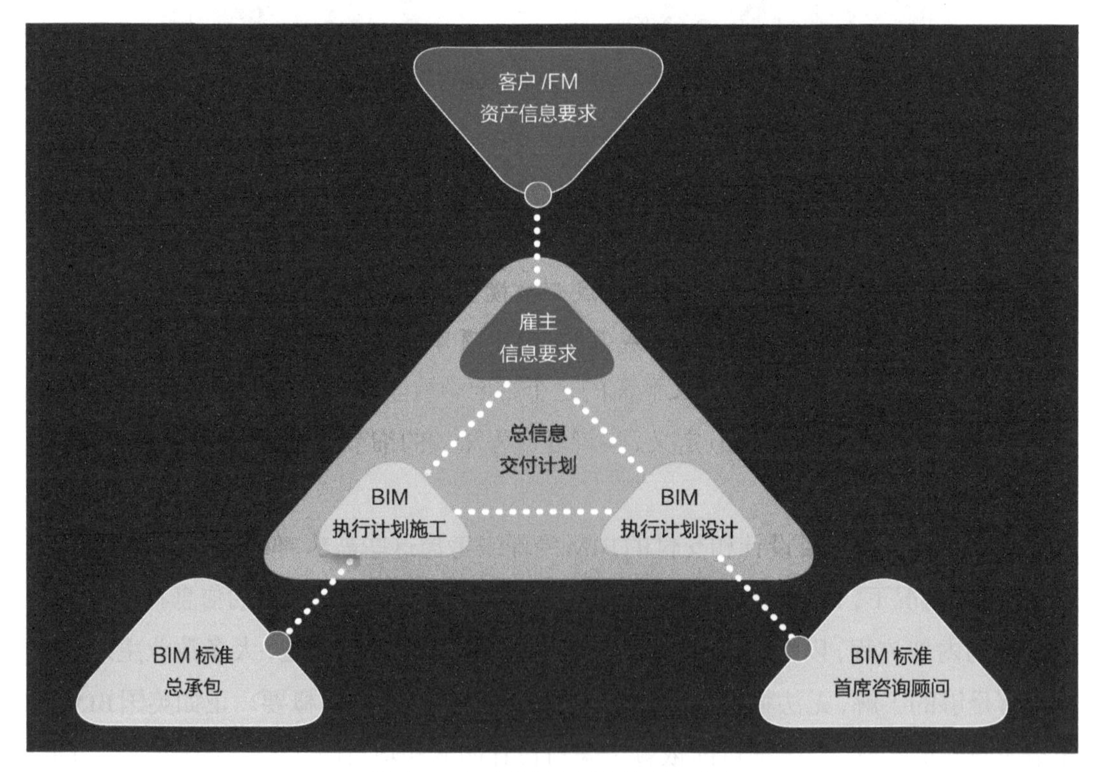

图 4-5　其他信息来源背景下的 EIR

首先提到EIR是有原因的：过去，BIM经理在开发BIM支持材料时经常忽略业主（雇主）需求。这样做很可能会错失机会。从已知的业主（雇主）方返回BIM交付成果，并随着时间的推移调整这些任务，对于BIM经理的许多其他核心任务都有好处。例如，明确表示的EIR可以帮助BIM经理选择在BIM内容库组件（BIM Library components）的设置中包含哪些参数。此外，根据英国PAS 1192-2，EIR是供应商制订其合同前BIM执行计划的基础。EIR还可以为企业BIM标准中列出的参数命名和数据导出约定提供有用的参考点。

关键EIR技巧：

1）不要假设你的业主知道如何从BIM定义他们的EIR。

2）通过向他们展示如何捕获数据作为BIM流程的一部分，来帮助他们定义他们所追求的目标。

3）根据他们的决策要点分解需移交的信息。

4）将对话从业主的计划和建设团队扩展到他们的FM服务团队。

5）讨论业主在整个生命周期中维护建筑数据的通用性所需的途径。

6）与业主建立与你的设计的关键组件相关的资产层次结构和资产重要度。

7）在矩阵中列出这些组件，将它们与业主想要了解的关键属性并列。

8）将组件按交易和LOD分开。

9）如果需要的话，遵循COBie结构，将矩阵与COBie计划器（COBie schemers）匹配。

10）以设置BIM执行计划的方式使用业主EIR固有的信息。

第三节 设置BIM标准

BIM经理在其公司内执行的核心行动之一便是创建或审查内部BIM标准。这些标准是公司内实施BIM的关键参考。标准不仅仅是简单的准则和指南。为了使标准有意义，BIM经理需要明确地声明各个条文。所有BIM员工都必须遵守BIM标准，而BIM经理必须持续监控BIM标准的接受度。在一定的时间间隔内，BIM经理需要修订和更新标准。

“在项目开始时，我们通常会举行BIM启动会议，在会上我们解释每个人都必须遵守的关键标准(不管他们是新来的还是已经经历过这一过程)。”

——Alexandra Pollock，FXFOWLE设计技术总监

BIM标准管理着与BIM应用方式有关的一系列不同规则。理想情况下，BIM员工都应该将这些标准当成理所当然的习惯应用到日常工作流程中。内部BIM标准传统上主要集中在公司内部的自下而上的流程和协议中。存在着这样的趋势，即将标准的设置与业主典型的EIR相结合。BIM标准通常是静态的和非特定于项目的，而EIR则是灵活的和依赖于业主的。

BIM标准涵盖了公司内部不同活动的集合，这些活动需要所有参与使用BIM的人采取共同和统一的方法。除其他主题外，这些活动涉及项目设置、信息存储、信息命名和信息交换协议，以及2D(CAD)文档输出的格式和其他形式的可交付成果。标准还规范了BIM对象的设置方式、命名方式以及如何在内部BIM内容库(BIM Library)中对它们进行分类。

一、如何开始

对于BIM经理来说，标准开发最初可能是一个巨大的挑战，因为需要考虑BIM设计中许多不同的方面。那么从哪里开始呢？最好是从小事做起，让标准随着时间的推移而“增长”。幸运的是，对于BIM经理来说，在第一次建立公司的BIM标准时，没有必要完全从头开始。一些指导原则和国家标准可免费查阅。BIM中一些基本的项目管理方面的标准，仍然可以基于先前的国家或国际CAD项目交付标准(如英国BS 1192-2007)。就实际的BIM标准而言，现有的模板似乎更适合特定的软件使用。AEC(英国)BIM标准网站为许多不同的软件应用程序提供协议。在美国，AIA建立了三个支持数字实践的文件：E203，建筑信息建模和数字数据展示；G201-2013，项目数字数据协议表单；G202-2013，项目建设信息建模协议表单。其中所包含的大部分信息都有助于规范协作实践。对于那些希望将其内部BIM设定与协作协议进行匹配的人来说，它们是一个很好的参照。对于使用Revit的用户来说，全球传播的澳大利亚、新西兰修订版标准(ANZRS)已经成为建立在此基础上的关键资源。由于地域和市场的差异，BIM经理应

该仔细审查这些指导文件的内容。然后，他们应确定其中可以直接纳入其内部BIM标准文件的信息范围，或有哪些段落需要事先修订和调整。

在公司已经制订了一套可靠的BIM标准的情况下，BIM经理仍应定期审查和更新这些标准。询问那些在现场提供BIM的人的经验和他们对标准更新/编辑的建议是有好处的。BIM经理需要了解更新一次标准的最佳时间间隔，应该避免标准过于频繁的更改。否则，员工必须经常通过频繁的更新而被重新安置。一个很好的间隔可能是每半年一次、每年一次，或者是在有重大政策变化需要解决的时候。

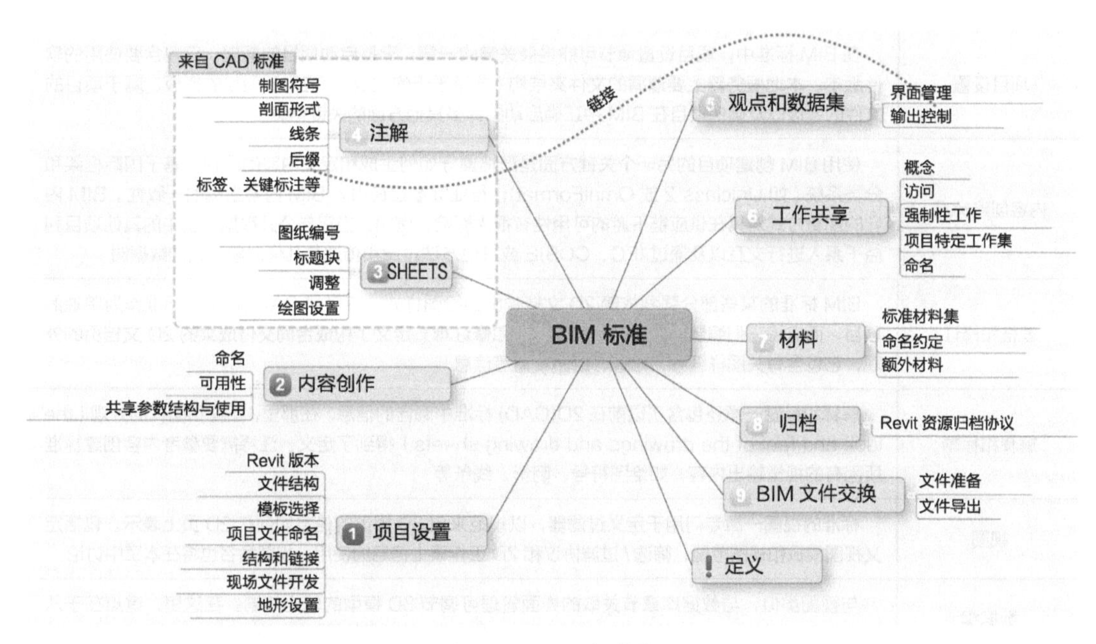

图 4-6 BIM 标准图

二、进入所有区域

哪些条文应该成为公司内部BIM标准的一部分？这个问题的答案取决于该公司的核心活动。相比前期策划/成本管理体系而言，那些主要进行BIM创作(authoring)的人需要不同的指导。在寻找模板和其他参考的过程中，BIM经理可能会对他们希望通过其标准进行监管的关键BIM相关活动有所了解。下面是BIM经理列出标准的不同组成部分，并按顺序将其写了下来，以便为BIM员工提供有用的参考。当然，除了面向过程的文档之外，这些标准还应该以可搜索的数据库格式提供给员工。

表4-1是建议列入BIM标准集的章节列表。它们可以调整和修改，以适应个人的需要。

表4-1 建议列入BIM标准集的章节列表

项目	BIM
定义	“定义”是所有标准的起点。在这里，BIM经理标识并解释标准中使用的术语。“定义”术语表是使用BIM时需要考虑的关键参考。当遇到大量的缩略语、缩写词或其他BIM语言时，普通用户有时会迷路
项目设置	在BIM标准中，项目设置章节可能是最关键的一章，它是启动项目的框架。它包含要使用的软件版本、本地服务器上要遵循的文件夹结构（或基于云的位置）、应用于项目的模板、属于项目的文件的链接以及确保项目在BIM中正确启动的许多其他方面的关键信息
内容创建标准	使用BIM创建项目的另一个关键方面是严格遵守如何生成和定义内容的流程。基于国际框架和分类系统（如Uniclass 2或OmniFormat），行业标准旨在引入BIM内容生成的一致性。BIM内容的配置方式对其在供应链下游的可用性有很大影响，例如，当它与公共数据环境中的其他项目利益干系人进行交互以及通过IFC、COBIE或其他方法过滤和传递与几何对象相关的数据时
表格和修订	BIM标准的某些部分强烈依赖2D文档输出的绘图样式。不应将CAD和BIM标准作为单独的项目，而应将它们编制在一起。标准的表格和修订章节定义了构成合同交付成果的2D文档页的外观，它包含有关图样编号、修订、绘图设置等信息
解释和标题	解释和标题一章还包含了以前在2D(CAD)标准中隐含的信息。在那里，图样和图样的外观（the look and feel of the drawings and drawing sheets）得到了定义。注释需要参考内容创建标准所固有的视觉输出内容，如绘图符号、阴影、线条等
视图	标准的视图一章专门用于定义过滤器，以规范来自3D模型的信息如何在2D页上表示。包括定义视图模板和视图范围、筛选/过滤协议和2D工作表上信息的使用。视图命名也将在本章中讨论
数据集	与视图类似，与数据库章节关联的界面管理可调节3D模型的输出控制。在这里，重点在于从BIM中提取数据的方法，例如通过明细表（schedules）和其他输出协议
工作共享和工作集	本章告知BIM创作人员如何建立模型并细分内部协作。它解释了这个过程背后的原理。它概述了如何规范对项目BIM部分的访问，并提供了在多用户建模环境中工作的框架。本章还确定了如何命名工作集并为强制共享建模上下文（如级别和网格）分配严格的标准
材料	材料一章告诉BIM用户如何从用于文档和数据集成的BIM扩展到用于演示目的的BIM。在本章中，用户可以找到标准材料集、命名约定和标准来合并其他材料
存档	存档是项目团队获得其建模过程的审计跟踪的关键过程。本节将说明如何存档替代的设计版本，以便将来访问（如果需要的话）
文件链接	BIM中的文件链接可以规定并调整文件相对于彼此的位置。明确定义统一的起点是至关重要的。在与第三方合作时，需要考虑在链接模型之前建立共享坐标。文件链接还通过工作共享和工作集过滤器管理模型部件的可见性

（续）

项目	BIM
LOD 定义	“LOD 定义”解释了公司在行业认可的标准中的立场，即细分不同发展水平的建模工作。没有必要重新发明 LOD 标准，因为有普遍接受的标准，例如美国的 LOD 规范
BIM 文件交换	本章重点介绍模型导入和导出的典型选项。每个公司都有自己的方法与他人共享 BIM 数据。本章列出了一系列不同用途的推荐交换格式，包括简单的几何线条、几何模型的交换，与其他 BIM 工具互操作性、协作以及用于施工或 FM 的数据交换
参数	参数一章规定了对象参数的定义方式、存储位置以及与 BIM 对象的关联方式。通常分为不能与其他项目共享的特定于对象的参数和可以跨内容及项目使用的共享参数
编程（Programming）	特别是承包商，将在其标准设置 (4D BIM) 中包括与 BIM 有关的施工规划协议。承包商规范编程工具（如 P6，Primavera，Vico) 如何与几何模型和数据模型进行连接
数量提取	与用于 4D 编程的 BIM 类似，承包商在质量安全（QS）和成本计算方面具有数量提取的既得利益。BIM 标准应该有一个章节，说明如何对模型元素进行分解、排序和调整，以便为数量提取提供一致的数据
现场 BIM（Field BIM）	与承包商特别相关的是，该章更详细地定义了公司如何在其服务器上通过一系列仪器（扫描仪 / 激光指针 / 平板计算机等）和现场流程来使用虚拟 BIM 数据
COBie 或类似	标准的这一部分简要介绍了公司如何将 BIM 数据传输到业主的计算机辅助设施管理（CAFM）系统的过程

咨询方和承包商的合同交付义务仍然主要涉及2D文档的输出。因此，一个公司很可能会保留其CAD标准中的元素，这些元素将被包括在BIM标准中。鉴于从BIM生成2D文档所遵循的逻辑与直接在2D CAD工具中起草文档所遵循的逻辑不同，BIM经理可能需要调整现有的CAD标准，以便更好地与BIM流程匹配。作为其中的一部分，他们需要在来自BIM的2D输出自动化的效率增益上进行平衡，同时保持与2D CAD输出相同或接近同等质量的文档质量。许多BIM经理陷入传统的项目领导之间的斗争，他们坚持自己的2D文档有一个特定的外观，而更进步的项目负责人则愿意在产出的确切外观上进行妥协，以提高效率。

“对从BIM出来的文档集的外观而言，我们不能在图形质量上妥协。目前，对于作为建筑师的我们来说，即使我们希望不这样想，我们的主要产品仍然是我们的图样集，所以在未来一段时间内，保持图形输出仍然是BIM经理的一个优先事项。另一方面，当涉及文档时，每个人都需要理解标准化和普遍接受的约定的价值，让个别设计师来驱动其图样集的外观可能会带来一系列问题。”

Jan Leenknegt，BIG集团建筑师、BIM经理

BIM标准构成了公司一致的BIM输出基础。内容创建标准、工作共享标准以及对视图模板和注释的微调，有助于减少BIM的2D文档提取自动化所获得的优势与其BIM创作者所希望的特征外观之间的分歧。

关键标准技巧：

1）从一开始，BIM标准可能只是随着时间的推移而增长的关键政策的集合。

2）从公司现有的2D CAD标准开始确定哪些条款与BIM相关、在BIM中有意义以及比较重要，而哪些没有意义或者不重要。

3）在建立内部标准时考虑国家和国际的BIM框架和政策。

4）检查参考项目的经验，告诉公司创建BIM内容的理想方式。

5）你的标准将会是唯一有用的工具，确保员工了解并遵循它。

6）建立质量保证机制，审核BIM标准的使用。

7）不要只给予或者分发BIM。

第四节　BIM执行计划

BIM执行计划（BEP）自21世纪初开始在全球使用。它们通常基于范例模板，比如21世纪初美国宾夕法尼亚州立大学计算机辅助建筑研究项目（Computer Aided Construction Research Program）制作的模板。BEP背后的概念是为团队提供关于如何在项目上实施BIM以及在多大程度上实现BIM的基线协议。它们构成了支持文档链的一个基本组成部分，这些文档帮助建筑业实现和交付生命周期的BIM。如果EIR是声明业主BIM需求的先决条件，并且内部BIM标准能确定单个公司中的BIM设置，那么BIM执行计划将在这两者之间建立桥梁。它通过使“来自设计和施工团队的自下而上的流程和协议与业主共享信息的方式相一致”做到这一点。

BIM执行计划不存在固定格式。它们的格式取决于地理和市场环境、建筑物类型、项目团队成员的偏好以及许多其他因素。BIM执行计划的大小各不相同，有10页的短文档，也有超过100页的计划长文档。尽管它们的传播范围很广，但它们通常仍然需要自定义输入，以确保它们的作用范围符合特定的项目需求。这样做的一种方法是将在设计期间处理BIM的BEP与那些在施工期间帮助协调BIM工作的BEP分开。

基于美国共识文档(U.S.ConsensusDOCS)，BIM设计与BIM施工存在区别。设计BIM执行计划(DBEP)和施工BIM执行计划(CBEP)正在出现。根据英国PAS 1192-2，另一个区别是BIM执行计划被分为合同前和合同后文件。

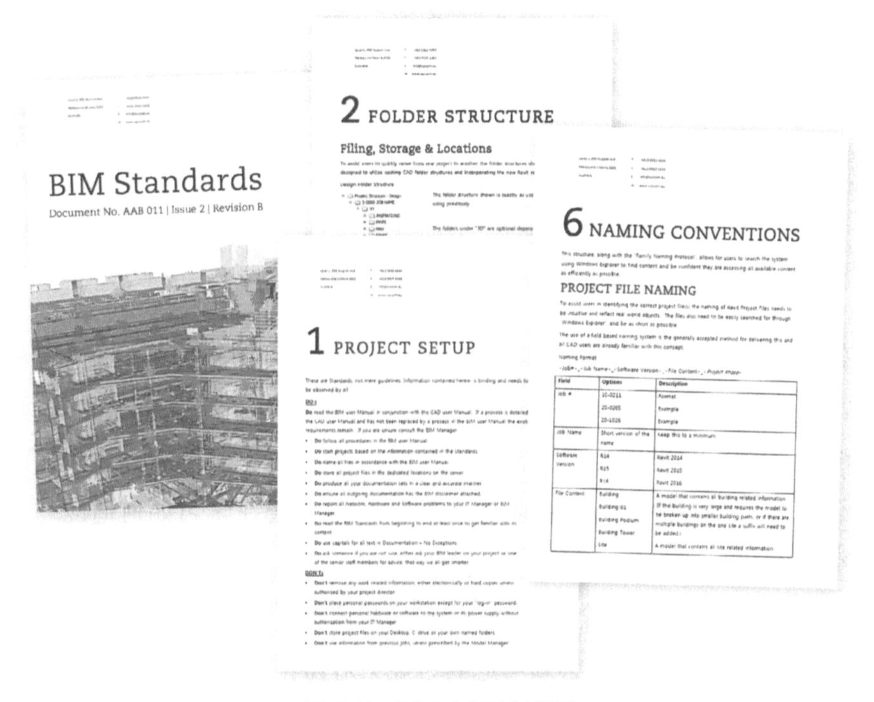

图4-7 BIM执行计划样例

从一个好的BIM执行计划到一个伟大的BIM执行计划所需要的关键因素是什么？这些文件中哪些关键部分需要特别注意，以使其在项目中获得最大利益？过去10年来，BIM的发展表明了一种趋势，即越来越多地关注BIM的生命周期方面。在BIM执行计划方面，重点在于从以咨询为主的计划过渡到考虑分包商进一步的协调和包括设施与资产管理的EIRs的计划。

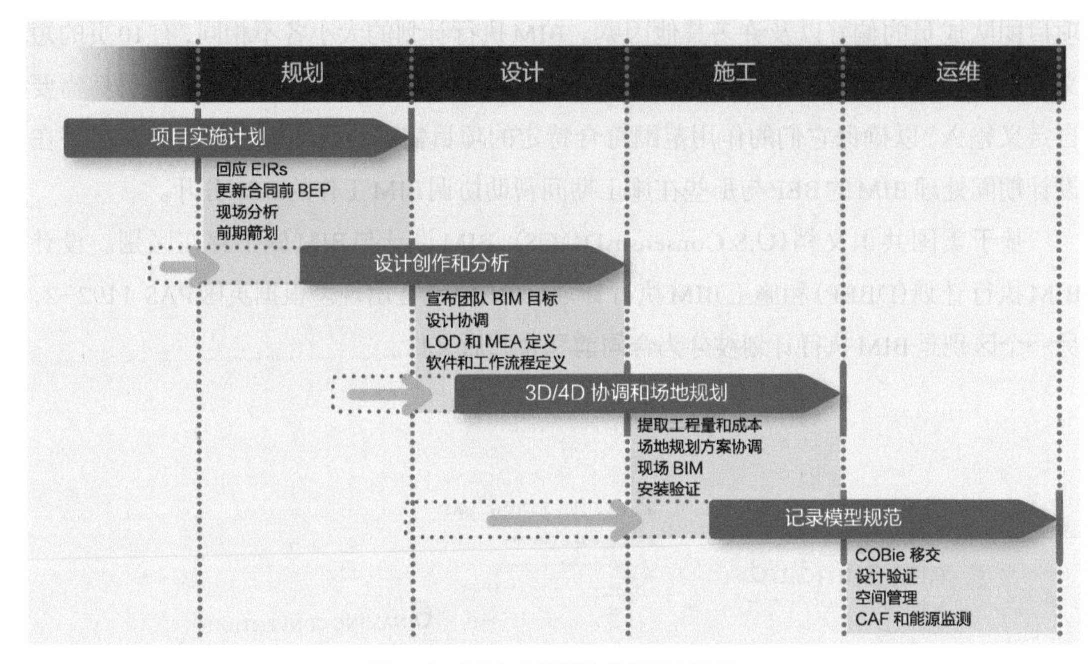

图 4-8　BEP 中概述的典型工作流程

BIM空间中的大多数协作者都知道BEP及其在管理与BIM相关的工作流程中所提供的好处。BEP已经成为团队达成一致意见的关键工具，即完成他们希望如何接近、完成他们的BIM之旅以及团队到底将交付什么样的工具。这些文件的标准模板自2009年以来就已经出现。这些模板是工作的良好起点，但业界仍在学习如何适应与BIM执行计划相关的许多方面。

与BIM执行计划相关的一个关键难题是，理想情况下，希望包括在需要第一期文档时根本无法获得的信息。因此，必须考虑到可能会对协作工作产生强烈影响的因素，但实际上并不知道谁将是项目团队的一部分。人们需要猜测BIM供应链中其他利益干系人的需求可能是什么。咨询方不一定会去参与分包商的BIM需求，这两个群体也并不太熟悉业主的BIM需求。

理想情况下，我们应该考虑采用三阶段的方法来构思BIM执行计划模板。该模板可以针对只涉及咨询团队，适用于涵盖整个咨询顾问/分包商/业主利益干系人群体的团队。重点在于编织一定程度的灵活性和空间，以便随着时间的推移进行调整。

关键执行计划提示：

1) 使用现有的BIM执行计划模板，并对其进行调整以满足项目的需要。

2) 根据EIR和内部BIM标准提供的信息调整您的BIM执行计划。

3) 以一种能反映利益干系人兴趣的方式浓缩信息(不要超过40页)。

4) 确保其他关键利益干系人的参与，并寻求他们在BIM执行计划方面的投入。

5) 设计和施工BIM执行计划(DBEP/CBEP)之间的分割。

6) 在定义协作时，请按照业主要求的方式进行倒退——让业主的设施团队参与进来。

7) 认识到BIM执行计划是一份活生生的文件，需要随着项目的进展而更新。

第五节 BIM 画布

对于BIM经理来说，一个有用的工具是BIM 画布。它可以传递公司中BIM用户在使用BIM项目时需要知道的最基本的信息。在使用BIM时，BIM标准和执行计划都在帮助个人实现共同目标方面发挥着自己的作用。问题是这些文档中嵌入的知识是广泛的。发布已声明的标准和执行计划对于员工引用特定条款或流程至关重要。同时，员工经常会发现自己处在这样一个位置：他们需要关于在BIM中运行工作的最基本信息。在这些情况下，BIM画布的行为就像标准/BEP的超浓缩版，聚集在一张双面纸(Placemat)上。BIM画布信息内容有限，适合双面A3纸。画布通常会被层压，当员工使用BIM时，可以在办公桌上通过BIM 画布找到自己工作的核心参考。

把一张单张的文档放在一起看起来很简单，但事实并非如此。要想成功创建一个伟大的画布，关键在于询问那些在BIM中运行项目的人，他们在启动项目时需要哪些最相关的重点数据(bullet-point data)。当然，对于处理这些问题的任何BIM经理来说，这些响应很可能显得微不足道。然而，对于普通操作员来说，这个基本指导虽然并不总是那么明显，但稍微提醒一下是非常有用的。

BIM 画布				
BIM 背景	BIM 项目环境	BIM 启动清单	BIM 和费用	法律考虑
定义 BIM 是在其生命周期内生成和管理建筑数据的过程 在此过程中，我们生成了一个全面的 3D 模型，作为 2D 文档和数据输出的基础。BIM 基于一组协调的智能对象（在 evit 中称为“族”）。BIM 模型可用于可视化、数据集成和自动输出（例如生成时间表、工程量计算和施工排序）	简要 业主将 BIM 需求写在他们的项目简要中，但并不完全知道他们想要什么 至关重要的是，避免对业主的 BIM 可交付成果产生任何歧义。诸如“完整 BIM”之类的描述具有误导性，需要从具有合同约束力的任何文档中删除。相反，请他们进行公开对话以揭示他们对 BIM 的期望	1）想要开始在其项目中使用 BIM 的团队，需要与 ×× 主管进行核对，以确定是否合适。建议主管、咨询顾问（consultants）、项目建筑师和 BIM 经理共同确定有关团队的组建，以及团队 BIM 技能、项目设置以及特定 BIM 内容要求的最佳行动方案 2）每个打算在 Revit 中运行项目的团队都需要确保进行建模的人员可以访问具有适当规格的硬件。IT 经理和 BIM 经理都知道这些，因此在开始项目之前请联系进行咨询 3）仅在即将开始进行项目之前，在 Revit 中对员工进行培训。事先培训他们没有意义 4）首先确定 BIM 期望水平！计划如何在整个设计和交付团队之间共享信息 5）考虑工具生态！每个团队有不同的方法来启动项目。从一开始就不必是 Revit，但仍然可以是 Rhino 或 CAD！一旦 BIM 技能提高，这种情况可能会随着时间而改变 6）除非你拥有经验丰富的 BIM 项目负责人（BPL）可以为你（和你的团队）提供帮助，否则你不会在设计与施工的整个过程中都成功使用 BIM。根据项目的规模，将为 BPL 分配全职的时间，或在各个项目中工作。与你的主管和 BIM 经理讨论所需的资源和技能 7）3D 中的详细协调使参与者更加透明，并且更容易在组合协调模型中发现不一致 / 错误 8）你可能会被要求将 Revit 文件移交给承包商进行招标（或其他目的）。在很多情况下，业主都需要这样做，因此您始终需要确保你的模型仅作为“设计意图”参考	市场环境 BIM 需要大量的前期投资，而你不能转嫁给业主。这通常是指基于 3D BIM 的文档制作 在这个竞争激烈的市场中，那些已经使用 BIM 一段时间的人已经掌握了最初的障碍，他们已经达到了 BIM 成熟的水平，应用 BIM 的成本要低于使用传统（CAD）交付方法的成本。因此，BIM 可以不溢价，这需要市场的监管 现在，基于 BIM 的交付文档已不再是一个区别对待的因素	知识产权 知识产权可能与许多事情有关，包括文档输出、底层几何结构、模型和工作流程中的嵌入式数据。 通常，知识产权属于 BIM 设计人员（author），BIM 设计人员向业主许可使用 BIM（应在《专业服务协议》中确定）。业主可能会向我们询问我们的原始 Revit 模型。我们可以同意这一点，或者建议仅将这些模型的精简版本传递用于协调和查看。通过将我们的原始模型保存为不同的文件格式，可以防止业主更改模型本身
在澳大利亚的采用 BIM 的采用在整个行业中是不同的，但通常是快速的。澳大利亚建筑业的 BIM 使用率从 2009 年的 30%~40% 增长到目前的 60%~65%。BIM 的采用仍在进行中，并存在与正确使用 BIM 相关的风险	期望 管理业主的期望是确定他们可以从 BIM 中获得哪些价值的关键一步。这样做的出发点是首先避免过度销售 BIM 可以为他们做的事情 BIM 允许我们做很多事情，但这并不意味着做所有这些事情总是具有良好的商业意义，需要在 BIM 给业主带来的潜在增值与我们能提供这些价值的内部能力（in-house capability）之间找到平衡。		通常的陷阱 如果合同中的条款含糊不清且定义不明确，则有许多与 BIM 相关的隐藏的可交付成果和成本因素。BIM 可以通过更简化的文档编制方法帮助我们节省内部成本，而使用 BIM 则可能导致过度承诺文档编制或协调工作的风险，而这超出了我们传统上将提供的服务 我们在项目上成功实施的能力始终取决于合作者的技能水平。如果我们的合作者不符合我们的 BIM 技能，我们可能会独立于我们的能力而努力提供高质量的文件 协调 3D BIM 比协调 2D 更加费力，并且输出的质量可能更高。作为建筑师，我们需要注意承担的是协调工作中的哪一部分	专业赔偿 专业赔偿（PI）政策通常以与涵盖 CAD 相同的方式涵盖 BIM。建议在使用 BIM 时通知保险公司，考虑项目特定政策并检查是否涵盖其他顾问

它与 CAD 有何不同?

BIM 基于颠覆性技术，需要我们更改流程。文档的建立方式更加繁琐，我们通常与咨询顾问（consultants）（也有可能是承包商、分包商）更直接地共享信息。如果我们想很好地使用 BIM，首先需要打破专业信息孤岛

谁管理 BIM ?

BIM 需要由实践型管理层理解和管理，并由 BIM 经理和从事 BIM 项目的人员提供投入。至关重要的是，BIM 不能被严肃地理解为与软件相关的技术问题。这是一种新的项目交付方法，对公司的业务和设计方法有着深远的影响

你如何参与其中?

通常记录文档的人将在 Revit 中接受培训；项目建筑师需要对 BIM 原理有深刻的了解，并需要具备管理 BIM 文件的基本技能。还需要高素质的 BIM 项目负责人。公司管理层应该制订一项计划，使每位员工达到所需的技能水平

响应

BIM 要求的响应应该始终是咨询顾问（consultants）与业主之间的对话。只有通过对话，我们才能在一定的预算内建立与业主的期望相匹配的适当的 BIM 服务

公司可以开发 BIM 能力声明（BCS），该声明可用于所有项目。可以针对特定需求和环境进行量身定制，并且可以在投标项目时构成提交内容的一部分。BCS 可以在 XYZ 文件夹中找到

业主教育

探索业主所追求的建筑生命周期方面：在运营和维护期间对他们有哪些帮助

每当需要跨学科的 BIM 协调时，向业主强调需要 BIM 执行计划

利用其视觉吸引力，使业主参与使用 BIM 的设计过程

重要的是要预先考虑任何 BIM 数据输出要求，并讨论它与传统可交付成果的程度之间的关系

查看这些支持文件

BIM Execution Plan

BIM Standards

BIM Capability Statement

增值

要想给业主增加更多的价值（因此能够要求额外的费用），关键是要使我们的服务与众不同，使我们与我们的竞争对手区别开来。这些服务可能包括定制的可视化输出，如动画视频、提前预演或 3D 打印

如果我们能向业主提供超出交付和设备管理范围的资产信息，也可以为业主带来价值增值。无论在什么情况下，我们都需要确保我们的内部能力符合业主的期望和我们收取的费用

责任与风险

使用 BIM 时的风险因素与在 CAD 中工作时的风险因素相似。一个基本的例子就是在被保险人的行业以外开展业务，并同意分担风险或提供担保

由于需要考虑所使用软件的版本，因此应对适用 BIM 中特定的软件进行排除。有时，软件版本不向后兼容

关于咨询顾问（consultants）产生的“模型适合目的”因素，我们的协议需要强调设计 BIM 和施工 BIM 详细程度之间的区别

BIM 和合同

在可预见的时间内，我们的合同可交付成果仍将是带有相关数据输出的 2D 文档。我们可能会被要求根据 BIM 交付那些文档

为此，业主通常要求其咨询顾问（consultants）签署 BIM 的使用作为专业服务协议的一部分。因此，使用 BIM 变得具有约束力，并且对于各方而言，至关重要的是，在他们制订文档集的过程中，他们要努力达到该有的详细程度

例如，BIM画布可以提醒其他人使用BIM的关键原因。然后，它可以指出如何响应项目简要中的BIM条款，以及使用BIM启动项目的步骤(例如通知高层管理者和BIM经理)。按照这些主题，BIM 画布可以提供关于人员配置和团队布局的反馈，在正确的文件夹中设置一个项目等。画布的一部分可以专门用于第三方协作，另一部分可以突出典型的BIM工作流问题，还有一部分可以处理与所需的BIM输出格式相关的具体建议，最好包括在项目中实现BIM的10个最有用步骤的清单。最终，BIM 画布既不会取代BIM标准，也不会取代BEP，但它会使有关BIM的有用信息唾手可得。

高级技术设计师(Senior Technical Designer) Gustav Fagerstroem解释了Buro Happold是如何建立这样一个文档(画布)的："我们努力获得一个非常有用的文档——一个给员工提供基本信息的一页文档。当一个新项目出现时，你会与整个项目团队分享这些重要的信息；阅读它不会花太长时间，它列出了12件最基本的事情，如你在哪个部门工作，你工作的容许偏差有多少，项目目标在哪里，谁拥有拷贝、监控的权力和资源。这些都是非常琐碎的事情，但是如果你一开始就把它们做好了，你以后就会节省大量的精力。"

关键提示：

1) 通过询问同事通常需要什么信息来启动BIM 画布。
2) 准确并切中要害。
3) 必要时请参阅补充文件。
4) 包括容易理解、使用的清单。
5) 打印出BIM画布，并确保它们在每个人的桌子上(除了在线提供)。

第六节　BIM能力声明

你知道公司的BIM工作取得的进展程度，但你如何让外界(公司其他部门甚至合作方)知道这一点呢？能力声明是为了明确这一点，并以最有效的方式演示如何设置公司的BIM基础设施、员工技能水平和BIM技术。精通BIM已经成为一项要求(在某些情况下是合同规定的)，展示公司范围内的能力是BIM经理促进内部BIM工作的重要部分。BIM能力声明帮助项目负责人响应项目简要中特定于BIM的条款，并帮助办公室经理进行投标新工作时能涵盖BIM方面的内容。

一、BIM 能力声明中的内容

BIM经理不应轻描淡写地编写能力声明。不要夸大或低估公司在BIM中交付项目的能力，这一点很重要。业主希望能够信赖他们选择的团队可以交付BIM。业主可能无法判断自我评估的促销文件的确切范围(有一些方法可以让外部机构例如英国的BRE或澳大利亚的“BIM卓越”来进行第三方评估)。尽管如此，他们仍可能基于能力声明中列出的许多因素，做出合理的初步判断。

唤起业主信心的最相关的机会是能够参考以前使用BIM在内部成功交付的许多示范项目。任何促进BIM成功的公司都可以通过指向使用BIM完成的现有项目来最有效地做到这一点。其他需要关注的点是员工的技能水平以及他们过去对BIM的了解。业主将很高兴收到有关在BIM领域表现出领导才能的重要项目团队成员的信息。

此外，BIM能力声明应详细列出内部IT/DT设置[服务器、BIM建模(BIM uthoring seats)及连接性和工具生态、BIM标准、BIM执行计划等]。

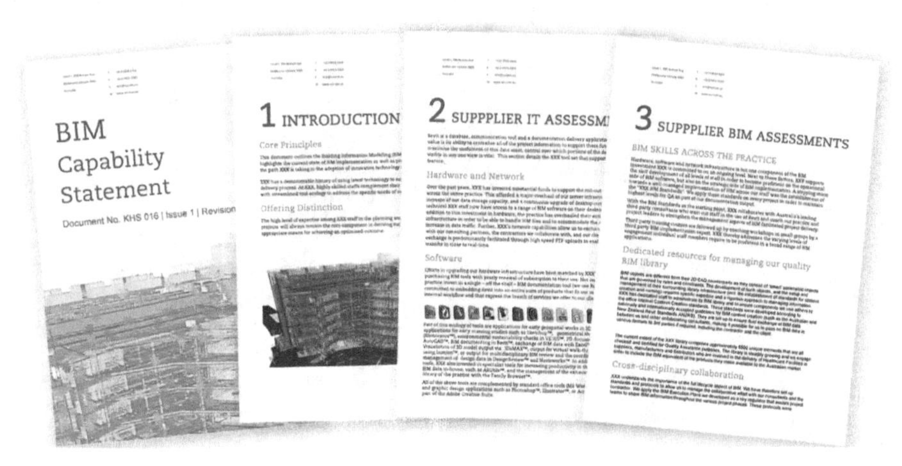

图 4-10 BIM 能力声明内容

业主对理解团队动态越来越感兴趣，这种动态允许咨询顾问和承包商协同工作，按时甚至提前或者低于预算交付项目，而且现场没有太多麻烦。因此，业主可能有兴趣了解将公司的核心活动与其使用BIM联系起来的总体理念。此外，业主更想了解数据移交的相关事项，他们可能希望了解公司在生成BIM输出时如何响应他们的需求。在这种情况下，对公司而言，用于传达项目设计和交付的媒体展示是有益的。在某些情况下，可以通过突出显示3D输出来实现。在其他公司中，可能会添加视频、虚拟演练或Oculus Rift类型的界面，以突出显示其BIM输出能力。

无论采用哪种输出格式或媒体，BIM经理都应考虑如何突出其公司提供的BIM方法的独特性，从而使其在市场上处于独特位置。BIM能力声明的一部分应专门介绍一种方式，即如何逐步引导业主完成BIM的典型交付。在涉及充当公司的“名片”时，应允许将BIM能力声明作为模板，输入若干其他文件，以便向业主推销或参与项目招标投标。

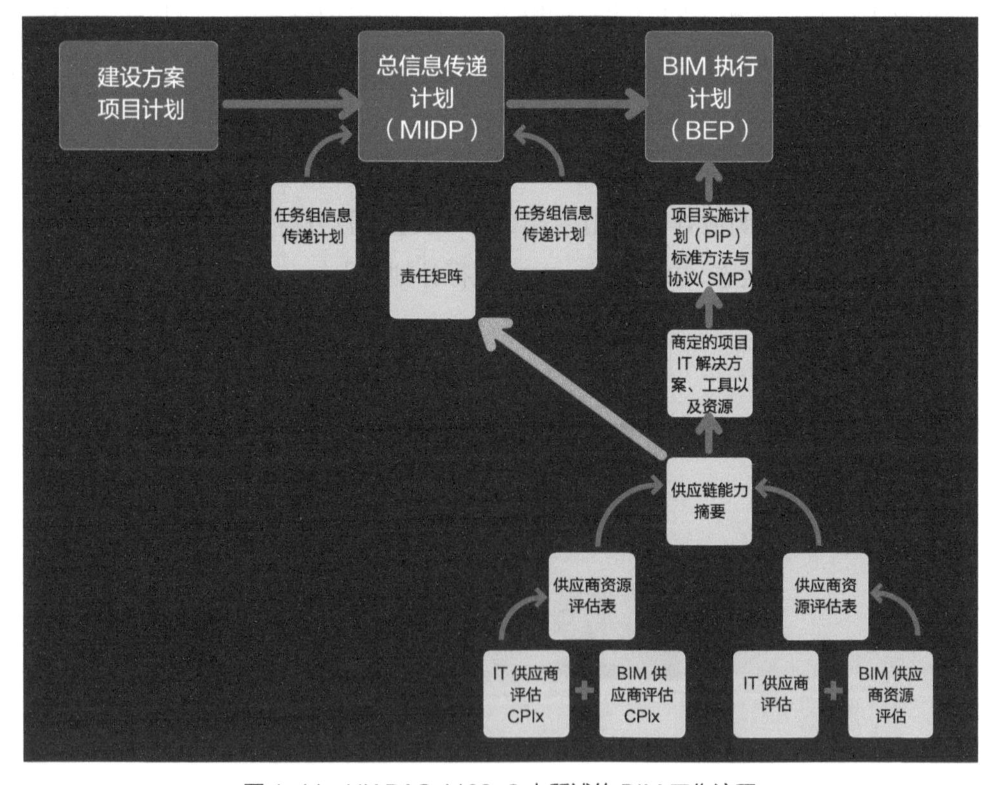

图 4-11 UK PAS 1192-2 中所述的 BIM 工作流程

二、英国 PAS 1192—2/3/4/5 专用文件

到目前为止，有关BIM能力声明的信息具有一般性，对所有人都有用。英国BIM工作组将供应链能力评估纳入建设项目信息交换（CPIx）协议和构成其PAS 1192系列文件一部分的其他规范的战略部分。

CPIx的关键组成部分是供应商BIM评估和供应商IT评估，这些评估已合并到“供应商资源评估表”中。BIM评估表提出了四个问题：①交换数据的意愿和数据质量；②提名该项目将从中受益12个BIM领域；③基于最多3个参考项目的BIM项目经验；④BIM能力调查表。CPIx文档中包含的信息将直接传递到项目实施计划（PIP）的设置中，最终将其引入到伪装的BEP中（the generation of the pretender BEP）。换句话说，BEP已成为为项目BIM工作做出贡献的一方已声明的BIM能力与业主已声明的BIM要求之间的融合点。

第七节 BIM内容库的管理

BIM经理负责建立其公司BIM内容库的结构、采购、人员以及管理。起初看起来很简单的任务通常非常耗时，并且需要纪律和严谨才能实现。库是知识的实时来源，BIM经理负责确保该库是最新的，并且信息的访问者可以通过集中式站点在最短的时间内找到信息。他们需要从所有正在进行的或最近完成的项目中提取新的有用的内容；他们需要确保其符合BIM标准中规定的内容创建标准。然后，他们需要确保内容经过认证并将其添加到“官方”库中，作为所有人可以访问的资源。BIM经理需要将内容进行准确的分类，这样可以极大地提高库的有用性，减少了在库中查找任何特定的BIM对象所需的时间。

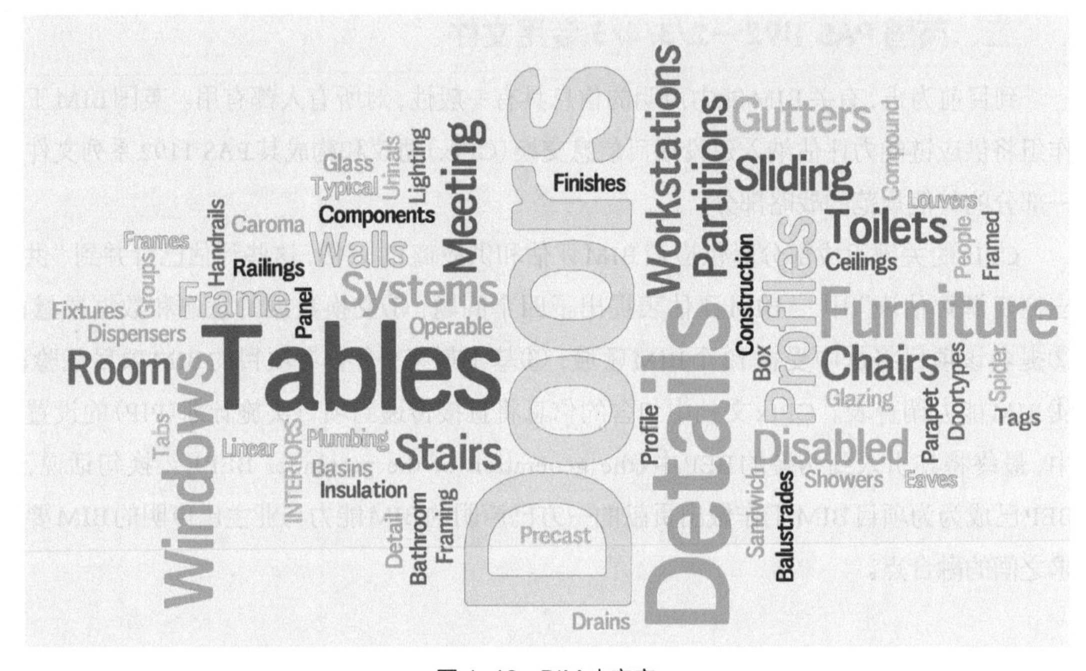

图 4-12 BIM 内容库

一、关注 BIM 内容

对于大多数公司而言，其BIM输出的质量高度依赖于其BIM内容库中内容的质量。奇怪的是，尽管如此，公司的BIM内容库经常被忽略，几乎没有资源分配给BIM内容库进行建立和持续管理。为什么会这样？

建立一个配置良好的BIM内容库取决于BIM经理向公司管理层以及生成（和要求）BIM内容的人传达质量库的相关性的能力。作为起点，BIM经理（或与BIM经理一起工作的BIM专门工作人员）应调查哪些BIM内容已经可用，以及公司中最需要哪些内容。然后，他们根据优先级对项目进行分类，以确定需要解决的库中的空白。总体而言，这种战略方法将帮助BIM经理确定项目团队对新内容的最直接（也是最紧急的）要求，同时建立公司的更广泛需求。

但是，建立BIM内容库的战略方法并非总是容易实现的。在高度关注项目的环境中，例如建筑业，知识管理常常被临时项目里程碑和截止日期所掩盖。尽管诸如BIM

内容库之类的BIM复杂的支持基础结构对于任何公司都是至关重要的，但并不总是为其提供应有的优先级。忽略的一个原因可能是，过去怎么对待CAD库，现在就怎么对待BIM内容库，这是一个重大错误。虽然公司不太完善的CAD库可能会稍微放慢CAD文档的处理过程，但是管理不善的BIM内容库可能会严重阻碍甚至延迟文档的处理。

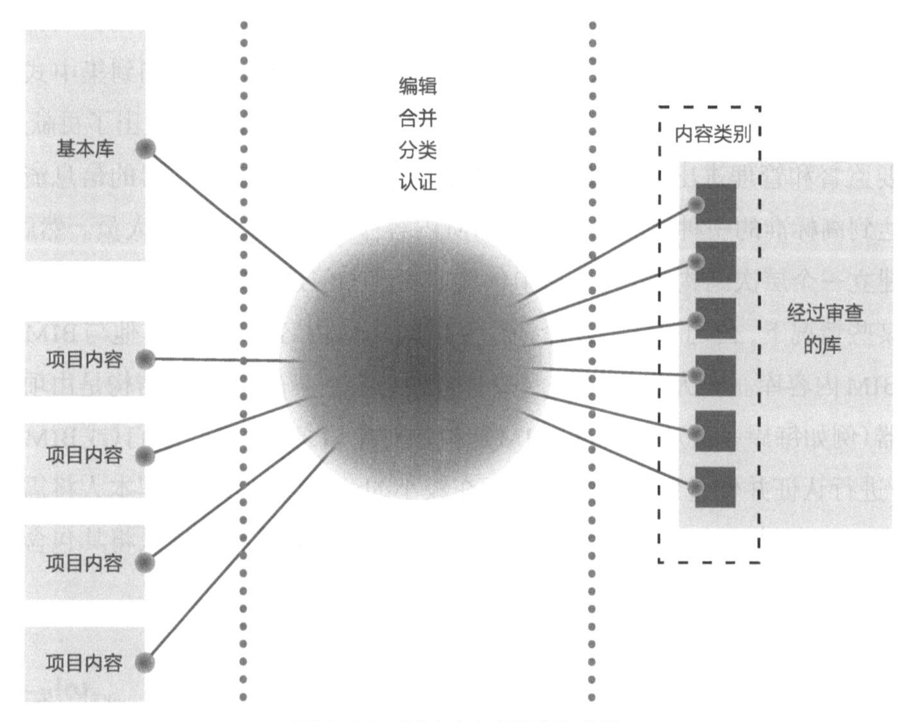

图 4-13　BIM 内容库结构和分类

二、BIM 内容库：典型问题

BIM内容库的一个潜在问题是，如果对库的贡献者不遵守严格的方法，那么其内容可能会遍布各地。采购有用的库内容是一回事。确保正确命名并针对专用对象类别进行排序是另一回事。这个难题揭示了采购BIM内容库的人所面临的另一个问题：通常有多个用户向该库提供内容。这些内容通常来自从事不同项目的BIM设计人员(BIM authors)，或者来自第三方BIM内容供应商。众多的输入选项使其适用于同一对象具有不同名称和类别的多个条目。如果没有适当的认证机制，则某些对象可能会使BIM文件无法使用，因为它们使用过多的多边形计数，从而使BIM文件无法使用。除了上面列出的缺点之外，不足的库管理也可能导致使用不足的参数与BIM组件相关联，当安排房间数据或通过View模板从模型中提取2D信息到图样中时，这反过来会导致数据保真度损失。

BIM经理可以而且应该主动解决上述问题。首先，任何使用BIM的公司都需要制订一种策略，即谁来生成规范、谁去获取BIM内容以及如何将其添加到集中式库中。BIM经理不一定是内容创建的一方（即使他们可能为内容创建工作做出了贡献）。BIM经理需要监督和管理进出库以及在公司中使用BIM交付的所有项目的信息流。使内容管理达到高标准的一种方法是挑选对BIM内容库做出贡献的关键人员。然后，BIM经理会建立一个层次结构，概述项目中创建的内容如何进入所有人都可以访问的认证库。在某些情况下，公司可能会任命一个专门的BIM内容库管理员，他与BIM经理一起采购BIM内容库。在大型公司中，BIM经理会建立一个结构，该结构是由项目的模型管理器（例如每周一次）收集源自BIM建模的对象信息，然后由他们（或BIM内容库管理员）进行认证并传递到集中式库中。在较小的公司中，BIM经理本人将需要定期审核现有项目，以提取可能有用的任何内容，然后进行调整和认证以将其包含到集中式库中。

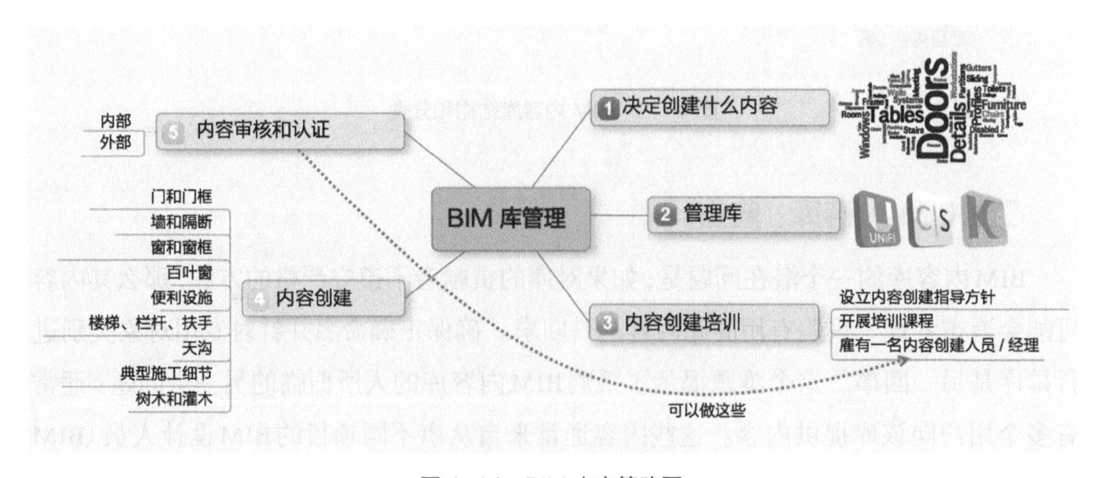

图 4-14　BIM 内容策略图

三、内容申请表

BIM经理还应确保在实践中为个人建立一个系统，以请求在项目上创建定制内容。此类请求应根据预定义的模板以标准化格式提交给BIM经理（或BIM内容库管理员）。这样，他们就不必再次猜测请求者的要求。请求表中列出的关键查询如下。

BIM 内容请求表包含内容：

- 内容说明。
- 请求日期和所需日期。
- 基于现有(1)或新(2)。如果为(1)，则现有族/对象的名称是什么？
- 需要创建或支持创建。
- 族/对象名称(必须遵循标准)。
- 项目类型(部门缩写)。
- 所需预定信息。
- 所需参数(编码、尺寸)。
- 族类型。
- 所需大小(族目录)。
- 计划/目的(草图、通用、设计、制造商/装配、资产管理)。
- 附件(产品信息)。
- 通用(1)或特定制造商(2)。如果为(2)，请列出制造商。
- 发展水平(LOD)。
- 可见性。
- 材料。
- 完成度(Finishes)。
- 规格。
- 托管：自由放置/托管/基于面(灯具)[Face-based (light fixture)]/详细组件映射到几何贴图(Detail component maps to geometry masks)。
- MEP连接器。
- COBie导出。

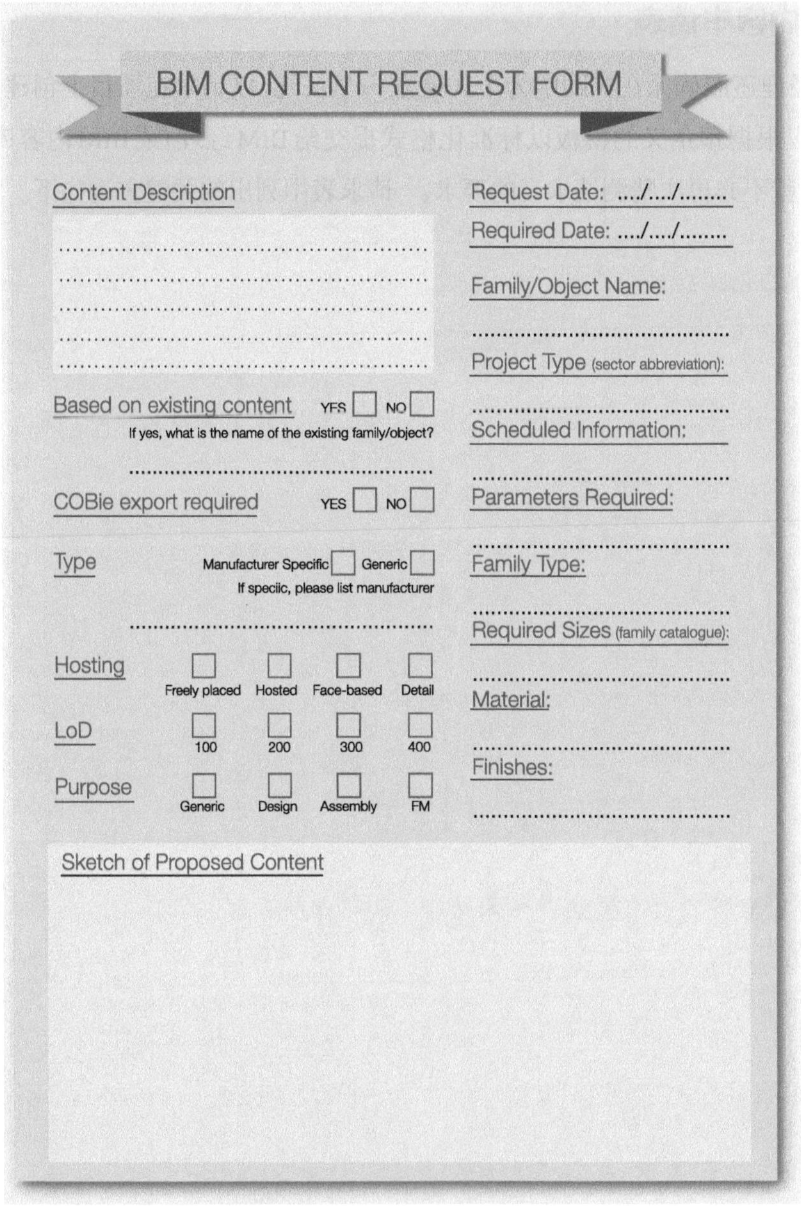

BIM CONTENT REQUEST FORM

Content Description

....
....
....
....
....

Based on existing content YES ☐ NO ☐

If yes, what is the name of the existing family/object?

....

COBie export required YES ☐ NO ☐

Type Manufacturer Specific ☐ Generic ☐

If speciic, please list manufacturer

....

Hosting ☐ Freely placed ☐ Hosted ☐ Face-based ☐ Detail

LoD ☐ 100 ☐ 200 ☐ 300 ☐ 400

Purpose ☐ Generic ☐ Design ☐ Assembly ☐ FM

Request Date: ..../..../........

Required Date: ..../..../........

Family/Object Name:

....

Project Type (sector abbreviation):

....

Scheduled Information:

....

Parameters Required:

....

Family Type:

....

Required Sizes (family catalogue):

....

Material:

....

Finishes:

....

Sketch of Proposed Content

图 4-15 BIM 内容请求表实例

申请表还应包含一个区域，以允许请求内容的一方突出显示以下信息：原点和翻转控件定义、其他子类别(以帮助控制族几何可见性)、参数行为。

验证BIM内容库是否已正确设置的一种方法是：衡量BIM设计人员（BIM authors）找到他们要查找的内容所花费的时间。那些时间紧迫的人无法浏览杂乱的文件夹，更无法梳理成百上千个对象，而常将希望寄托在运气上。他们希望通过使用一组有限的关键字方便地搜索并查找到所需内容。将族/内容与具有正确命名法的一组预定义类别相关联，是促进有效搜索过程的关键步骤。添加内容的缩略图（可以通过浏览器浏览的缩略图）可以加快搜索过程。

四、准备内容管理

在BIM经理开始设置BIM内容库或对库进行重大修订的情况下，应在设置库之前进行范围界定。然后，BIM经理会形成一个内容管理指南，以便将BIM内容库中的内容创建、管理和存储的关键目标传递给实践。

BIM内容管理指南可以包含以下关键点：

1）公司关于BIM内容创建和认证的BIM标准。

2）BIM内容库的管理，包括协助中央BIM内容库的技术设置，对其现有族/对象的审核，将已审核的元素（elements）升级到最新BIM设计版本的方法，更新有关工作人员的最新可用内容，以及对BIM内容库管理工具的调查（如第三章所述）。

3）根据先前确定的中央BIM内容库的差距，通过创建或获取内容来添加新内容。

4）通过确定项目阶段的内容要求来提供项目内容支持。

5）项目内容的持续审核。BIM经理或BIM内容库管理员（BIM Content Librarians）定期对新开发的内容进行实时项目浏览时会寻找什么？

6）《内容创建指南》包含有关如何根据公司的BIM标准设置内容的分步指南。

7）BIM经理或内容库管理员应通过有针对性的内容创建培训课程来补充《内容创建指南》。为了最大程度地利用这些课程，BIM经理/内容库管理员应请员工就关键主题进行反馈，以准备培训。通过举办定期的培训活动并在线发布引荐的常见问题解答列表，进一步提高生产公司BIM内容的人员的技能。

8）总体而言，BIM经理/内容库管理员的任务是将对第三方内容库专家高度依赖的人员转变为在一段时间内自发地为项目提供支持。

五、如何培训BIM技能

让我们想象一下以下场景：一家公司希望在项目中使用BIM，而BIM经理被要求确保一群从未接触过BIM的同事能够完成手头上有关BIM的任务。BIM经理如何才能成功地使这些同事顺利地从CAD过渡到BIM？这些同事应该先发展哪些技能？BIM经理在赋予他人权力和指导他们学习的过程中扮演了哪些角色？

BIM技能开发是任何BIM经理的基本任务。提供指导文件/模板和建立结构良好的BIM内容库构成了BIM支持基础架构的重点。建立有针对性的BIM培训制度是对BIM支持基础架构的补充。作为BIM经理，在组织中促进变革的一部分，这是一个合乎逻辑的步骤。任何培训的最终目的都是帮助那些受过训练的人能够独立。

对于如何对BIM技能进行最佳培训，有许多误解。简而言之：没有简单的答案。培训BIM技能的正确方式总是取决于环境、接受培训的人应该做的工作类型、公司内部专门的培训设备/培训室的设置等。同样重要的是要了解谁去接受培训以及什么时候才是接受培训的最佳时机。

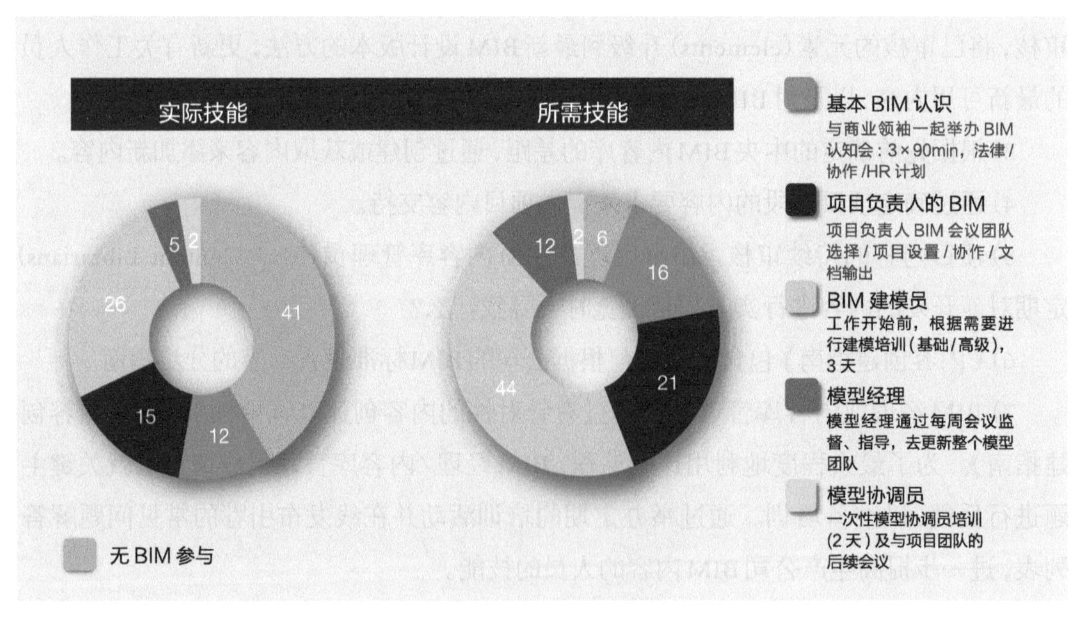

图4-16　BIM培训策略图

六、把握时机

培训策略总是要求BIM经理理解公司的动态，从而使用BIM启动项目。任何培训的时间和内容都应与具体的项目需求相一致。BIM经理犯的一个典型错误是对员工进行预培训(通常是由高层管理人员推动的)，期望学员们在项目发生后随时准备好投入工作。预培训通常在项目负荷较低时进行，而二至三天的学习模块并不意味着对任何人的日程安排造成重大干扰。虽然这种方法在一开始似乎是合理的，但在大多数情况下，它是灾难的导火索。对“遗忘行为”的研究表明，学习者一天内就会忘记40%的学习内容。遗忘率取决于许多因素，特别是旨在提高长期记忆的干预率，例如在一定的时间间隔内重复。换句话说，如果在没有战略性跟进或没有直接进行“热学”应用的情况下接受培训，那么他/她很可能在一两周内就忘记了大部分所学到的东西。没有持续跟踪的预培训(例如假设的案例研究)是行不通的，这只是浪费时间。更糟糕的是，它反映了在那些一开始就接受培训的人身上，因为一旦项目开始，他们的效率表现会非常低。BIM经理需要向项目负责人和高层管理清楚地传达这一问题，他们需要确保BIM新手在项目开始前就得到培训。他们还需要传达的是，让某人加入BIM的决定不应该是短视的，即让一个BIM新手在一个BIM项目上工作两到三个月，然后恢复到长时间使用CAD的状态。这将导致很多问题。首先，随着时间的推移，运营商将失去一些BIM技能；然后，有关人员一旦接触到在BIM工作的好处，对“被降级”到以CAD工作，可能会感到沮丧；最后，通过在BIM和传统工作方法之间跳转，这种做法将失去在整个组织建立BIM能力的机会。

七、组织 BIM 培训

可悲的是，许多BIM经理仍然将BIM培训与BIM软件培训混为一谈。对于最终进行BIM设计和协作的人来说，软件的确是一个重要因素，但其技能只是BIM知识的一个方面。为了对BIM培训进行适当的组织，BIM经理需要放弃对软件培训课程过于狭隘的关注，转而去关注单个员工的技能发展。从这个意义上来说，需要转变思维并提出以下问题：担任此职位的员工要做好该工作，需要了解BIM的哪些知识？这样，整个组织BIM能力的发展将始于个人技能发展的旅程。在工作中熟练使用BIM的理想轨迹是什么，他们如何到达那里……这些注意事项构成了BIM经理变革管理策略的一部分。实际上，这意味着BIM经理需要组装不同的培训模块（内部或外部），这些培训模块应特别关注与BIM交付相关的各个方面。有些模块应该完全专注于业务负责人应了解的BIM（例如合同和工作流程的问题、与费用相关的问题等）；而有些模块可能侧重于项目负责人的BIM（如何对BIM条款做出简短回应、BIM团队选择的人员配备、BIM流程等）。然后，根据所需的建模类型（例如用于城镇规划/体量研究的BIM、建筑设计、室内设计、成本提取、场地BIM等），提供独特的培训模块。接下来，BIM经理需要为初学者和高级用户考虑不同的培训模块，将这些模块与单个同事及其独特的学习路径相匹配。在某些情况下，不同的模块需要由内部或外部的不同的讲师去进行培训。

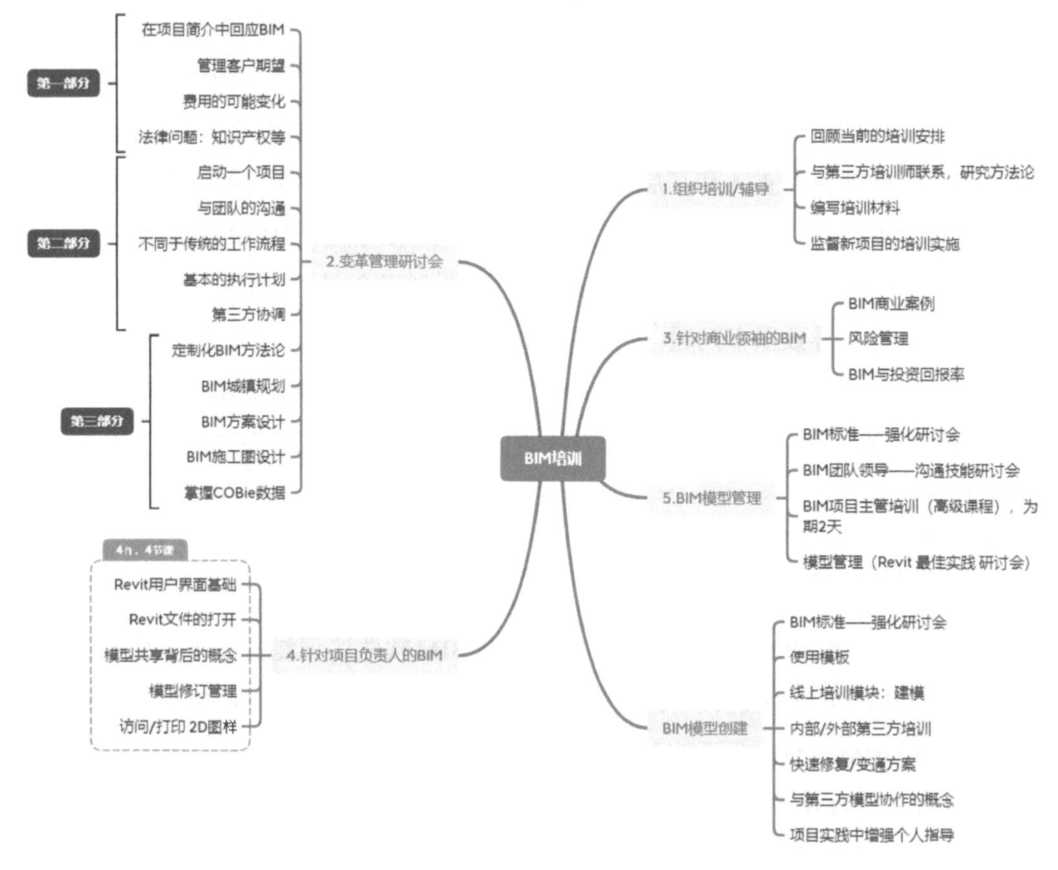

图4-17 BIM培训组织样例

八、培训：内部、外部或在线

关于如何更好地组织BIM培训，存在许多不同的观点。传统上，这个问题主要围绕内部学习和将其外包给第三方之间进行区分。最近，通过在线课程进行的学习已添加到混合课程中，BIM经理的任务是为公司找到正确的方法。这很可能需要组合两种甚至三种培训方法。

每种培训方法都有其优点和缺点。 BIM经理必须了解这些内容，然后做出明智的判断，这一点很重要。

根据公司的规模，内部培训是显而易见的选择。对于中小型规模的实践来说，留出时间在需要培训的员工的办公室内进行培训会更容易。这里要考虑的问题是，内部培训需要合适的基础设施和空间。经验表明，在这种情况下，潜伏着危险，员工在培训期间容易被日常工作所困扰。如果那些参加培训的员工没有足够的纪律来坚持通常推荐的两到三天的集中训练模式，那么就很容易失去注意力。根据需要学习的内容，培训课程也可以缩短每一次的培训时间分布到更长的时间段来进行，但不建议这样做。在学习如何建模或协调BIM（这是BIM培训的最常见形式）时，两到三天的集中努力才是最有意义的。不过，还存在其他危险，即培训不是以重点突出的方式进行的，而是通过一系列项目演习展开。

内部培训的优势在于可以在培训期间使用公司的定制化项目模板。该模板提供了熟悉的环境以及适合公司个性化发展的升级路径。

对员工进行外部培训有其自身的优点和缺点。外部培训释放了BIM经理的时间，因为可以依靠经验丰富的外部培训者培训自己公司的员工。许多大型公司选择该方式对其员工进行培训。根据每次会议要培训的人员数量以及与第三方培训的关系，公司可以要求使用自己的模板（缩小“通用” BIM培训与定制化培训之间的差距）。外部培训的成本因素可能会阻止某些公司选择外部培训。培训前必须明确培训需求，在无法预测培训需求的情况下，不建议盲目组织培训。

内外部培训的新兴补充/替代方法是在线培训课程，这些课程越来越受欢迎。如果可以有效地监控在线课程，那么在线课程就非常有意义，这样员工可以及时地完成课程任务。BIM经理的任务是填补员工在线获得的知识与在项目中使用BIM之间的空白。

如果BIM经理严重依赖在线教程，则他们需要调整可用的材料（课程选择/配置）并跟进员工，在完成教程之后立即提供补充性的提示和技巧。此外，如果BIM经理在项目启动期间以及项目期间的关键间隔期间担任指导，则可以很好地帮助接受在线培训的员工。

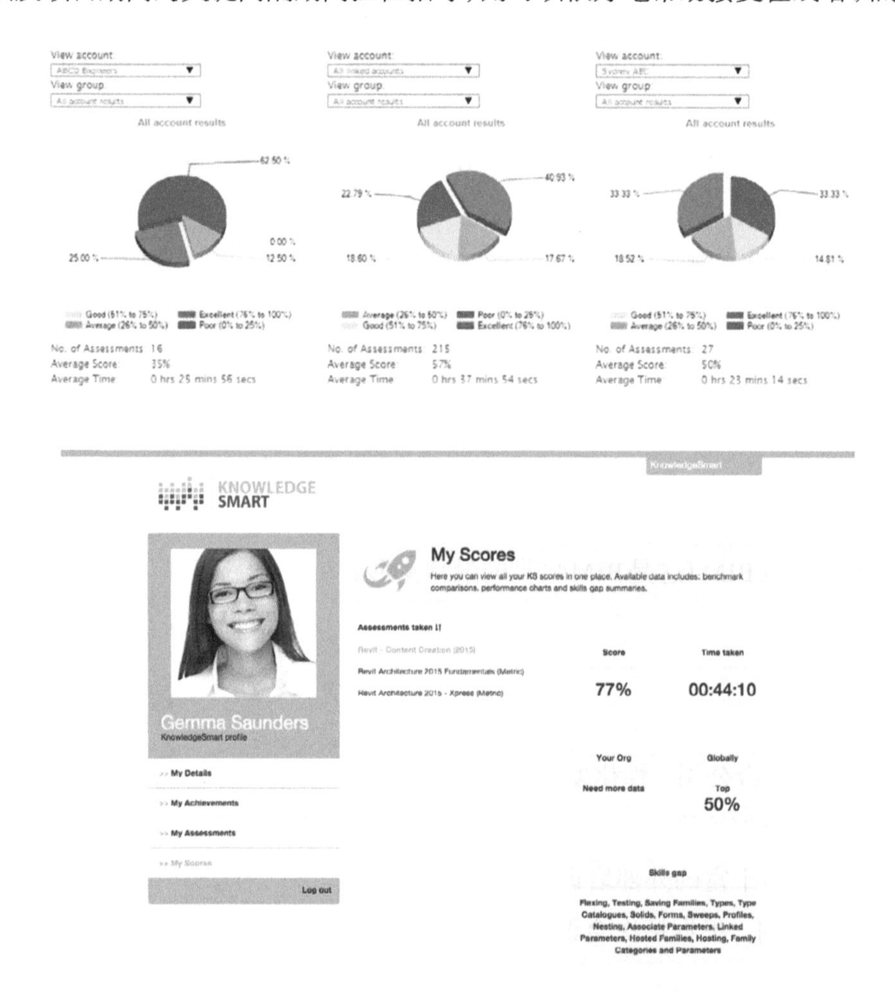

图4-18 KnowledgeSmart培训系统BIM技能对比与评分

九、技能评估与持续发展

一些公司热衷于调查其员工参与BIM的进展情况。如第二章所述，BIM审计是最有效的工具之一。如果某个公司想要测试其员工的BIM建模能力，则可以通过第三方评估(例如KnowledgeSmart)来检查这些技能，这些检查通常在招募新员工或定期检查现有员工的技能时进行。通过这些评估机构提供的任何反馈都可以帮助BIM经理将注意力集中在整个公司的BIM技能开发的特定领域。根据通过上述评估方法收到的答复，BIM经理可以创建“公司技能矩阵”来映射整个公司的任务技能。这样的话，可以找出差距，思考如何进一步投资员工技能发展或招聘技能符合要求的新员工。

第八节 伸手援助

“我的工作是使自己摆脱工作。”

HOK公司级设计技术专家Brok Howard

进行的一项激进的评估总结了BIM经理提供的支持背后的基本原则：BIM经理的大部分工作都依赖于帮助他人自助。BIM经理需要在内部进行沟通，并交流与公司BIM工作相关的进展和挑战。如前所述，将许多文本文档放在服务器上供其他人下载并不会减少文本数量。BIM经理需要在整个实践过程中养成积极参与BIM的文化。

一、BIM 会议、定期通讯和 DT（设计技术）网站

吸引人们参与进来的最佳方法是在午餐时间或工作时间(取决于办公室政策)举行定期的BIM会议。“BIM定期通讯”是使员工了解DT/BIM方面最新动态的另一种工具。在“BIM定期通讯”中，BIM经理可以简要地提到最新成就，如库的更新、有关DT/BIM的有趣文章，以及一些提示和技巧。通讯不应使他人承载过多的内容负担，内容中应该使用引人入胜的图片并尽可能少地显示文字。工作人员应该能够在通讯中单击缩略图，然后转到内联网网站(intranet website)，该网站上会显示更详细的信息、视频、文档等。

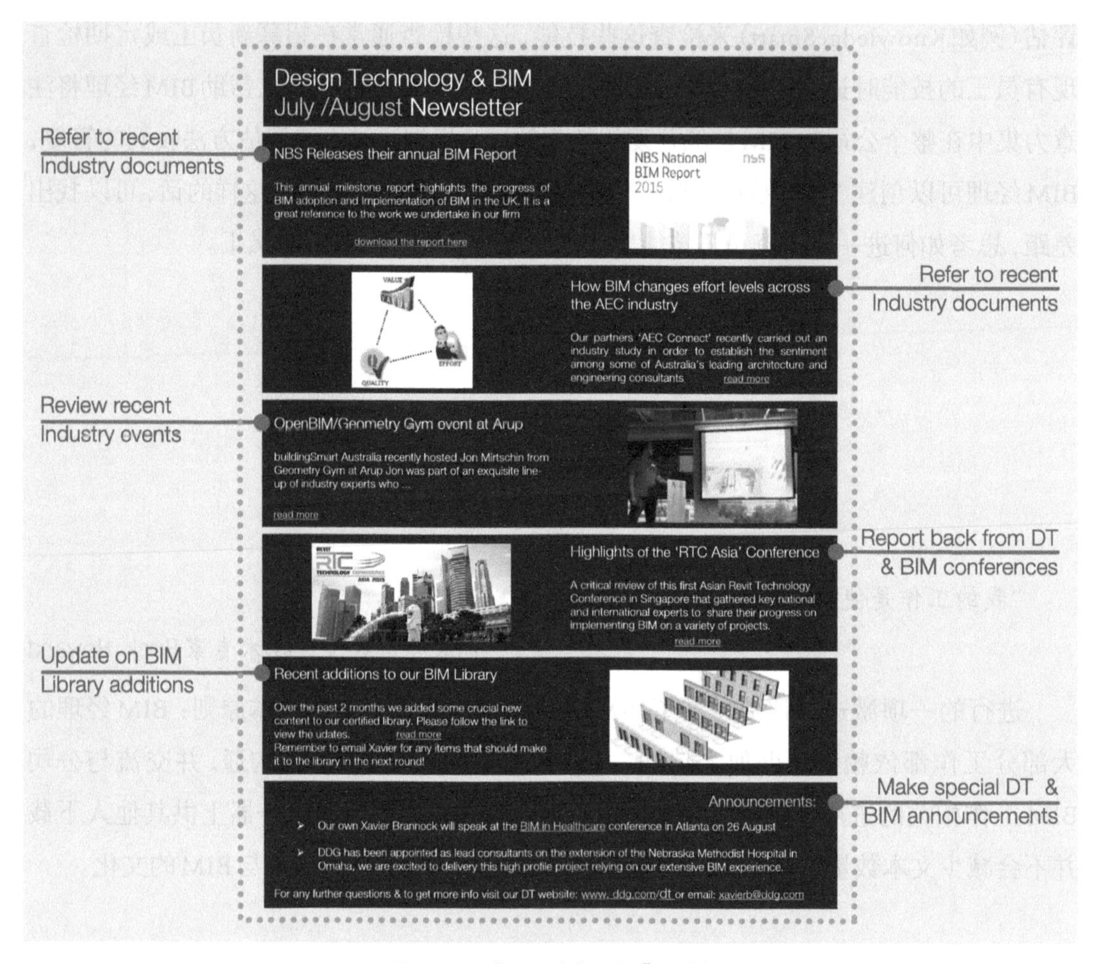

图4-19 “BIM定期通讯”示例

二、传播BIM的爱

“通过让内部专家加入他们一段时间来促进变革，我们已经成功地翻转了工作室。”

Woods Bagot全球设计技术总监Shane Burger

根据公司的规模、特征和地理分布，一位BIM经理可能无法独树一帜。BIM经理通常依赖（有时是战略性安排）本地BIM代表，与在单个或多个项目中负责BIM的项目BIM负责人（或模型经理）一起工作。当BIM设计人员或BIM协调员遇到问题时，本地

BIM代表便成为他们解决问题的首选。BIM支持的中层管理应该每周与项目团队聚会，讨论遇到的任何问题。他们与BIM经理一起组成公司的“BIM团队”，共同负责在整个组织内推广BIM。与任何形式的协作一样，对公司而言，建立标准化报告结构对规范BIM团队成员之间的信息流传递至关重要。相关的报告结构不一定需要符合层次/地理格式，可以将其分为更多以活动为中心的部分，以供不同的BIM经理贡献知识。

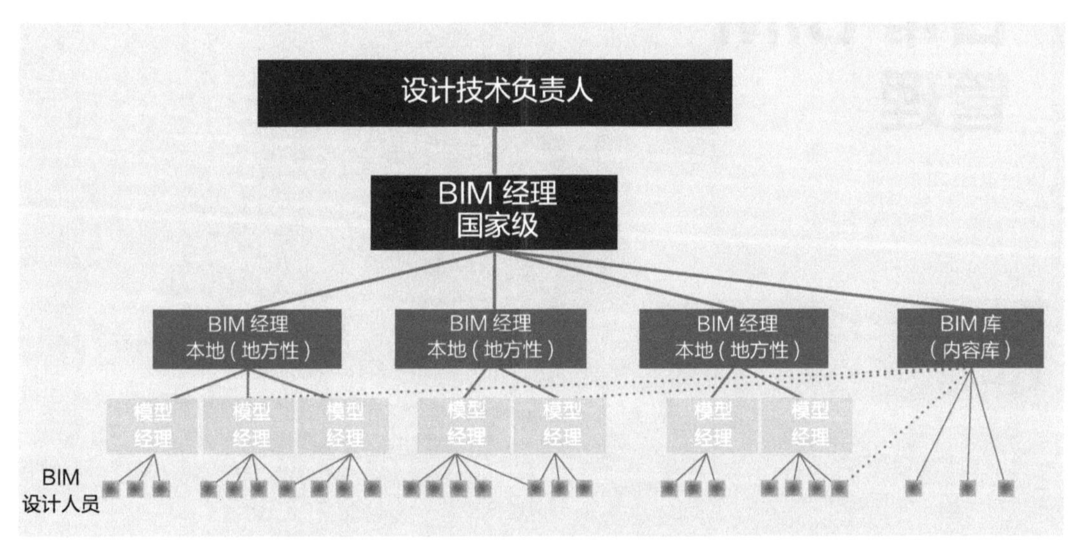

图 4-20 在 BIM 团体和设计技术团队中分担工作量

第五章

日常 BIM 管理

BIM日常管理是一个高度交互的过程，每天需要完成许多不同的任务。本章梳理了这些日常活动，并阐述了BIM经理应该如何最有效地掌握这些日常活动。日常BIM管理着眼于内部需求，以及跨学科项目团队集成和协调BIM数据的必要性。日常BIM管理强调了人际关系和沟通技巧以及制订简洁的业务计划的能力，这对于BIM经理至关重要。无论是在指导其他员工时还是在大型项目协调会议中，BIM经理都必须清楚并有效地表达自己的专业意见。此外，从长远来看，日常BIM管理强调了BIM经理需要建立一种对话文化，并在一定程度上进行点对点的支持，目的是在整个公司（以及其他公司）中传播BIM知识。

图5-1 英国诺丁汉诺丁汉大学技术创业中心（TEC）

大多数BIM经理都会对以下情况产生共鸣：一大早到达办公室要做的第一件事就是整理一份“待办事项”清单，但行动计划会被未知和意外事件干扰而受到威胁和挑战，似乎BIM经理的工作角色和有效执行其工作量的能力始终以不安和不确定性的暗流为特征。

不断变化的普遍状况凸显了BIM经理的一个基本问题：在日常实践中，BIM管理通常将战略发展的一部分和进步的一部分与被动支持和援助结合在一起。有人可能会争辩说，这的确是事实，BIM经理应该接受并尽其所能。这种争辩可能有些道理，但与此同时，BIM经理可以采用一些机制和策略来减少他们在被动、临时支持上花费的时间。这种被动支持和援助本身并不是问题，但可能对管理良好的其他事业造成极大破坏，这也占用了BIM经理的大部分时间。解决此问题的方法通常归结为清楚地阐明和分配职责并进行相关的时间管理。这还取决于能否依靠一支强大的团队来协助管理日常工作。细分与BIM相关的任务说起来容易做起来难：通常BIM经理的工作交付范围并不明确。缺乏范围的定义，会导致缺乏机会来管理一些任务而将其中的一部分委派给其他人，而且无法把握完成这些任务所需的时间。

BIM管理不一定很费劲，也不一定是一场艰难的战斗。成功的关键是正确规划，并使BIM相关的管理活动与公司的整体业务战略和主赛道保持一致。为此，BIM经理需要学习如何授权和委派，如何制订简洁的业务计划，并将其“出售”给高一级的管理层以确保接受。如第二章变革管理所述，监督BIM实施的人员通常不具备足够的技能成为BIM经理。他们更有可能以另一种方式成为BIM经理：要么是对技术的既得利益，要么仅仅是因为他们能够很好地处理与BIM相关的软件。因此，应对日常BIM管理的第一步是要认识到管理时间、资源和工作量的结构化方法，这至关重要。

第一节　广泛的BIM频谱

没有“BIM管理检查表”是有充分理由的：到目前为止，在整个利益干系人中，与BIM管理相关的活动太多了。单一列表不适用于任何给定的情况，因为整个供应链中来自不同公司和利益干系人的BIM经理有不同的优先级。因此，BIM管理对任何个人的意义都必须是实现其公司的核心业务目标，以及促进项目上的协作能力和目标的实现。

BIM经理可以根据自己的职责安排不同的任务来完成既定目标。其中许多任务是每天都需要完成的。BIM经理在受雇之初就得到简明的角色描述是十分罕见的(尽管一些高级BIM人员现在已经在其BIM管理团队中建立了独特的角色)。随着BIM技术的日新月异,与BIM相关的角色和职责也在发生变化,而高层管理人员根本不知道BIM团队到底需要什么。大多数实践都依赖于BIM经理来制订和定义自己的职责范围,以及他们对设计或施工团队、领导团队和IT部门的支持程度(并得到他们的支持)。由于缺乏明确的角色界限,BIM经理经常难以理解从哪里开始。以下列表通过区分四个主要任务组提供了一种工作结构:

1) 在整个公司中推进BIM的战略任务。

2) 可以预期的项目特定任务。

3) 无法预期的项目特定任务。

4) 与自己的学习和技能发展相关的活动。

日常BIM战略交付成果包括建立BIM支持团队,BIM经理据此与在公司内部采购BIM的其他人员密切合作,建立报告路线和汇报频率。与这些任务并存的是商业案例的定义以及与高层管理人员的沟通。战略任务还涉及诸如BIM标准和模板开发的内部支持(如第四章建立一个BIM支持基础架构)、BIM内容库的管理(包括搜索和购买第三方内容)、培训的组织、年度BIM和设计技术预算的制订、新工具发布的测试以及与IT的交互。

项目的BIM规划是本章讨论的主题。它包括一系列任务,例如:

1) 在项目简介中查看项目BIM要求。

2) 协助建立支持BIM的项目团队。

3) 参加定期会议进行资源规划。

4) 针对目标项目成果开发工具生态(在第三章技术聚焦中进行了描述)。

5) 调整BIM执行计划以适合特定项目环境。

6) 为团队设置建模环境,为项目提供启动指导。

7) 与模型经理(如果适用)和建模员一起参加常规项目审查。

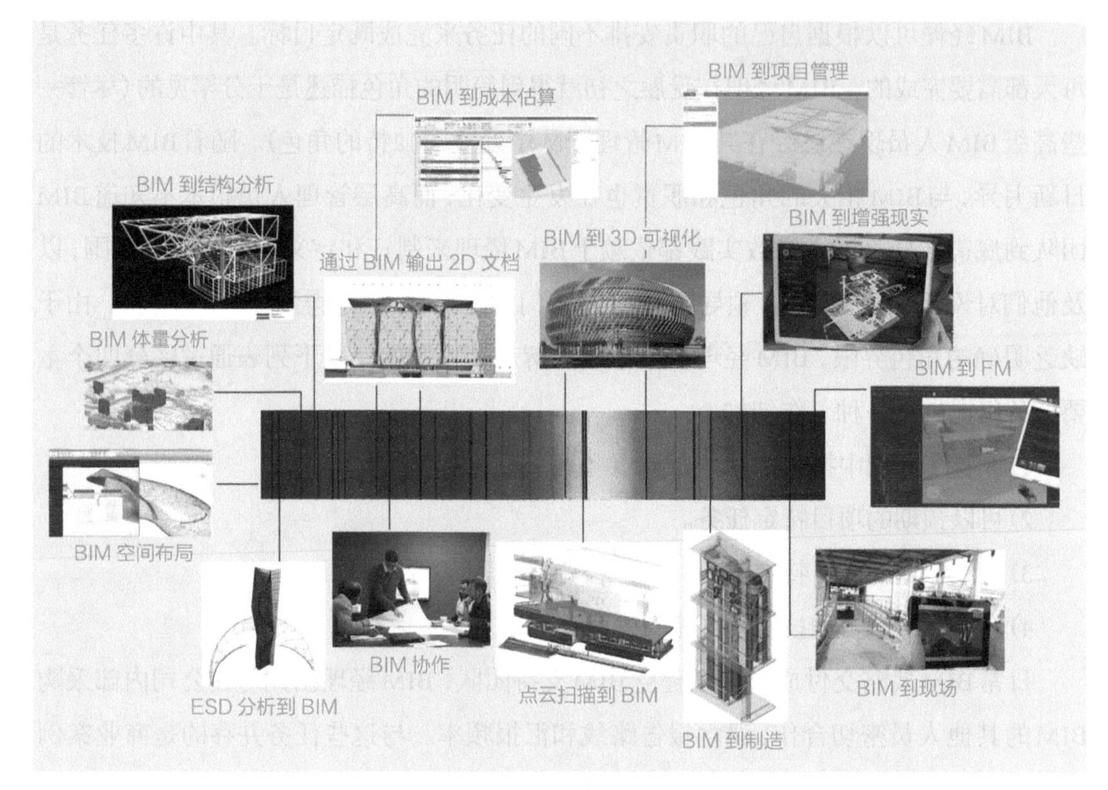

图 5-2 潜在的 BIM 频谱

8)监督特定项目的内容创建和认证。

9)协助项目团队提交具体意见，参加BIM协调会议(如果适用)。

10)协助将模型信息做补充输出，实现3D可视化、工程量计算、成本核算等。

11)创建网站并进行定期通信。

12)BIM模型的质量保证(QA)及其生成文档的输出。

13)将BIM链接到FM等。

意外问题的被动解决通常会使BIM经理感到最头疼。完成与之相关的任务所需的时间会波动，因此很难把握。简而言之，无法预期地针对特定项目进行支持等同于援助救火。

第二节 战略性推进BIM

日常BIM工作的战略组成部分最容易被定义，因为它与众所周知的典型活动有关。其中许多内容在其他章节中进行了介绍，因为它们与BIM和变革管理的文化方面以及工具选择和内部活动有关。本节将把BIM经理定位为操作信息集成中心。为此，将BIM经理安排在他或她的同事之间非常重要，因为这不仅有助于理解职责，而且还有助于理解沟通渠道。

一、组建 BIM 团队

BIM的战略进步与公司结构紧密相关。在中大型公司中，BIM管理通常是团队的工作，而在整个团队中委派、分配职责以及建立问责制度是BIM经理的一项重要任务。

随着BIM在设计、工程、施工和运营等各个领域的日益普及，日常BIM任务通常会增加到项目建筑师、工程师以及设计/施工经理的工作量中。目前，BIM经理这个角色通常表示对团队的一层支持，或者可能将支持的角色与更多的设计/工程管理活动或设计/施工管理活动结合起来。一般来说，BIM经理指的是负责采购和推动整个公司使用BIM的人。BIM经理并非会孤立地这样做，而是很可能会报告给（设计）技术负责人。在具有多个（通常是远程）位置的大型公司中，BIM经理可能会与其他几个人以及模型经理/BIM项目负责人进行互动，以管理BIM团队。强烈建议任何大中型公司为其BIM团队建立一个结构，以规范典型的沟通渠道：从基层报告BIM相关问题，并将BIM的关键战略方面传达给高层管理人员。BIM经理可能是一个信息中心，使基层和高层能够应对BIM对他们主要任务的影响，无论是运行项目还是运营业务（以及两者之间的任何事情）。

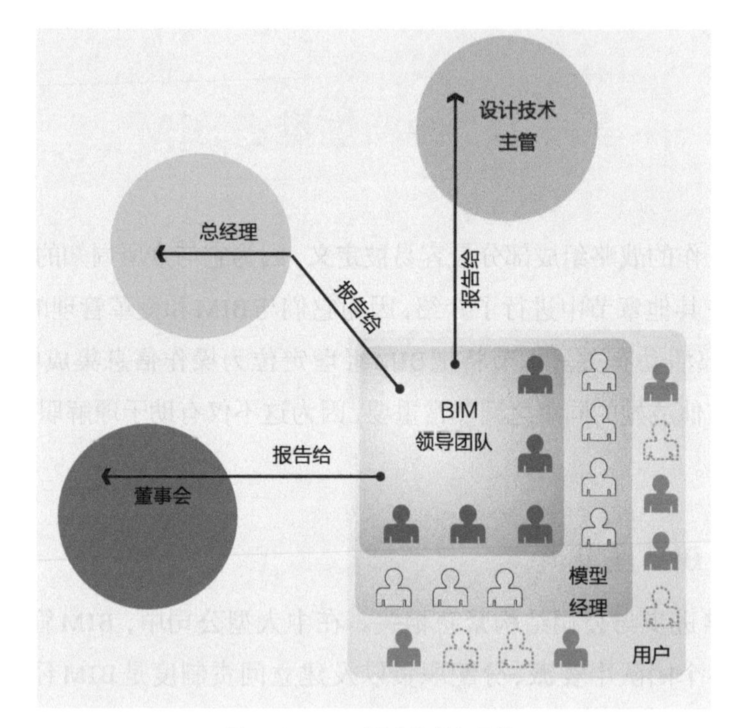

图 5-3　BIM 团队的组织结构

二、BIM 经理促进沟通

作为沟通者，BIM经理负责组织定期的用户组会议和教育研讨会。为了最大程度地利用此类会议的收益，BIM经理可以先在员工中交流想法，然后针对其他人想要谈论的特定主题(这可能与软件中的特定功能有关，对BIM标准进行更新/更改或者介绍成功的项目，还有经验教训等)。

这些会议有助于将BIM确立为公司整体活动的一部分，并且使大家更加有目的感和归属感。尽管BIM经理应主持这些会议，但发言者也应有一定的自由来表达他们的观点，交换意见并提出对当前BIM战略的建议。换句话说，BIM经理需要将这些会议作为倾听别人意见、了解现场情绪的机会。这些会议必须保留在办公室议程上，这一点至关重要。BIM经理很容易被跟踪(或因与项目有关的截止日期不堪重负)而潜伏的危险，即用户组会议从人们的视线中消失，或者被长期暂停。发生这种情况时，BIM经理可能会对很多情况失去掌控，造成沟通中断以及整个公司内BIM推行停滞的风险。

图5-4 BIM团队会议

图5-5 BIM协调/协作会议

在内部用户组会议之后，BIM经理通常会安排与其他BIM团队成员举行定期会议，以获取整个公司当前发展的最新信息。当公司员工在多个地理位置分散的办公室工作时，这一点尤其重要。在这样的情况下，可能会有一个“国家级”经理来协调一组地方/

州经理。来自IT团队的成员通常会参加BIM团队的例会，因为他们经常涉及跨信息技术(IT)和设计技术(DT)的资源规划。

BIM经理的另一个职责范围是协助公司的人事部门对新职位职位描述进行定义，这些职位需要BIM技能作为其中的一部分——BIM技能的掌握已日益成为晋升设计师和建筑经理的先决条件。在招聘过程中，BIM经理通常是面试小组的成员，向求职者提出问题，以确定他们在BIM方面的能力并评估其资格。邀请在BIM技能评估中得到满意的考试分数并通过测试(KnowledgeSmart培训系统)的合格候选人进行面试，这将最大程度地发挥BIM经理的作用，因为候选人经常过分夸大其BIM能力，而BIM经理却束手无策。

BIM 技能水平	描述
BIM 权威 / 内容专家 / 技术领袖	精通 BIM 工具和工作流程的专家，具有良好的沟通技巧，并已牢固地拥抱 BIM 社区。对普遍存在的问题以及总体战略发展有强烈意识。可与业务实施负责人就 BIM 战略的细节进行合作
项目 BIM 负责人	在协调项目的 BIM 组件方面具有丰富的工作经验（2~3 年），并且对工具和解决方案有深入的了解。精通实践BIM标准，具有良好的沟通技巧(尤其是与项目负责人沟通)；具有良好的建构（建构包括设计、构建、建造等内容，是一个三位一体的集合，是一个全过程的综合反映）技巧和勤奋的文档编制方法
经过认证的 BIM 设计人员和 BIM 协调员	对如何在 BIM 创作工具中进行实体建模有很好的了解。能与 BIM 项目负责人（或 BIM 经理）保持良好的沟通联系。理想情况下，在 Revit 环境工作了一段时间，对 BIM 标准的实践有很好的认知。进阶：知道如何开发高质量的 BIM 内容
具有 BIM 软件知识的项目负责人	基本了解 BIM 的工作；能够打开文件，提取特定的图样（用于查看和打印），操纵模型中的基本元素以及与建模员和项目级 BIM 领导进行有益的对话
具有 BIM 知识的实践负责人	了解 BIM 如何在法律 / 采购意义上影响项目的运行方式，以及 BIM 如何影响资源配置以及与第三方的合作
无 BIM 参与	完全不参与 BIM，不太可能在 BIM 项目中接触 BIM

图 5-6　BIM 角色描述明细

BIM经理除了参与招募和引入新员工的工作外，还通过参加由实践负责人主持的定期资源管理会议，为办公室管理在日常运营中提供重要反馈。资源配置直接关系到项目的工作量，将BIM经理包含在这些活动中主要有两个优点：首先，他们可以就新职位或恢复职位的职位进行更新，这反过来又使他们可以提前计划；其次，通过让BIM经理参与资源计划，他们可以提供有关特定员工BIM特定技能水平的有用反馈，并且他们可以根据预期的输出结果，协助项目团队在项目上找到合适的技能组合。

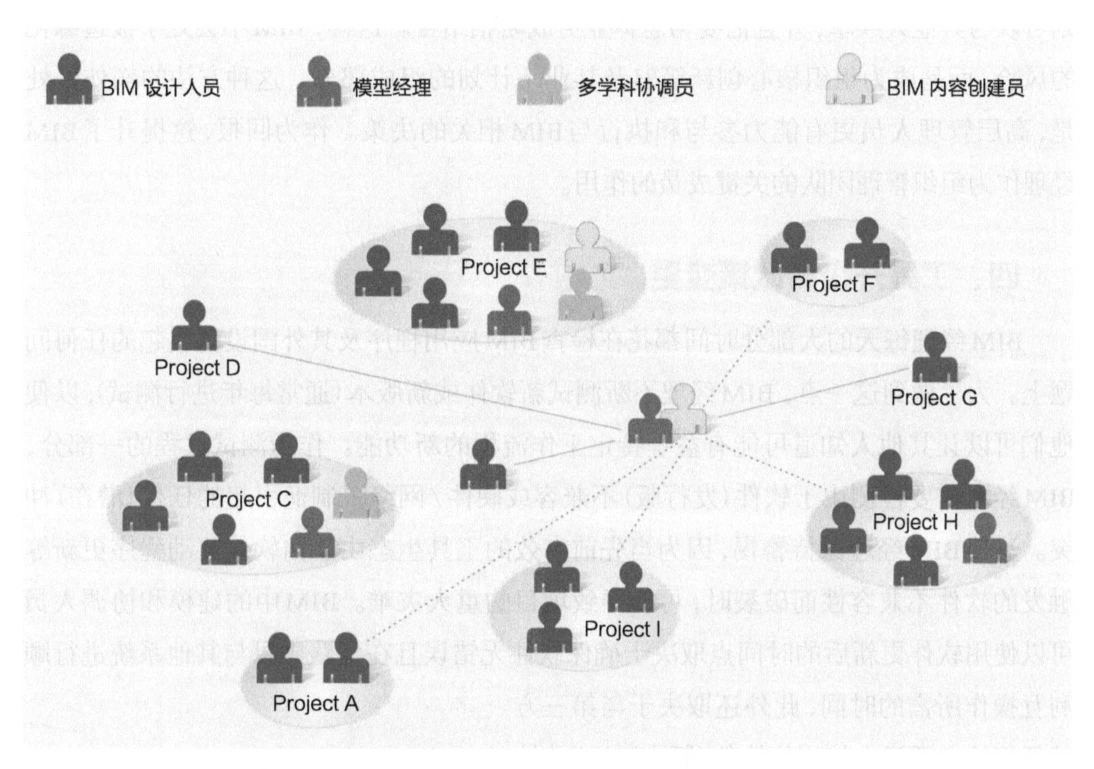

图5-7 改变BIM团队人员位置

三、管理时间、资源和工作量

BIM经理每天都要面对各种各样的任务，因此BIM经理需要学习确定优先级和管理时间（包括合作者的时间）。时间管理是BIM经理的一项基本技能，目的是应对他们所监督活动的广度和深度。与时间管理方法互补的是制订业务计划，该计划对每周、每月、每季度甚至每年的活动进行项目规划。最初，对管理的高度关注可能会使一些BIM经理感到不知所措，因为他们认为自己的角色仅仅是支持其他人使用BIM工具。之后，BIM经理可能很快会发现，最强大的工具不是BIM设计工具本身，而是Excel。Excel使

BIM经理能够计划、组织和衡量其所参与的各种活动。将工作时间分配给特定任务，随后将人员分配给这些任务，最后计划和衡量关键里程碑是至关重要的，这是BIM经理能够与高层管理人员沟通的关键要素。以上通过任务分配时间、资源和工作量的战略计划可以与其他人共享，并且需要与总体业务战略相结合。这样，BIM不会处于被边缘化的风险，而是成为组织核心创新策略及其业务计划的组成部分。这种方法的额外好处是，高层管理人员更有能力参与和执行与BIM相关的决策。作为回报，这提升了BIM经理作为组织管理团队的关键成员的作用。

四、工具升级和政策变更

BIM经理每天的大部分时间都花在检查BIM应用程序及其外围设备引起的任何问题上。为了做到这一点，BIM经理不断测试新软件或新版本(通常每年进行测试)，以便他们可以让其他人知道可能有益于特定工作流程的新功能。作为测试过程的一部分，BIM经理需要检测由于软件(发行版)不兼容或硬件/网络限制而引起的任何(潜在)冲突。这使BIM经理保持警惕，因为当先前有效的工具生态由于由软件驱动程序更新等触发的软件不兼容性而破裂时，可能导致项目的重大灾难。BIM中的建模和协调人员可以使用软件更新后的时间点取决于确保软件无错误且在实践中可与其他系统进行顺利互操作所需的时间，此外还取决于与第三方就任何给定项目上使用的软件(版本)达成的协议。在项目级别上，可能必须通过BIM执行计划进行协调。

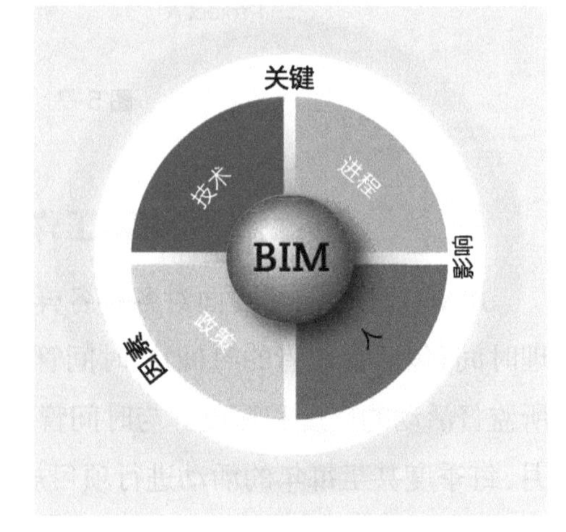

图5-8 BIM管理的关键推动力

除了检查技术对交付过程的任何影响之外，BIM经理还需要熟悉与BIM相关的新政策、标准和/或法规框架的更新。这些政策、标准和/或法规框架的更新可能会影响其在其市场中如何采用BIM。尽管在美国、亚洲大部分地区和澳大利亚，政府对BIM的管制很少见(除少数例外)，但英国、新加坡已开始引入严格的准入制度。

第三节 在项目中规划BIM

“我不能将时间花在BIM战略上，因为我要忙于应对项目交付日期！”

这是许多BIM经理面临的一个普遍问题。BIM经理在项目级别参与的深度因公司而异。在理想情况下，BIM经理应该只负责管理BIM建模和BIM协调。其他诸如专用项目“模型经理”或“模型协调员”的任务是支持项目团队的内部建模工作或多学科冲突检测。在某些实践中，高层管理错误地认为BIM经理要亲力亲为地动手建模。对于根本负担不起BIM专职人员的小型公司而言，这可能是正确的。但是，对于大中型公司来说，这通常是灾难的根源。BIM经理的薪金往往高于项目其他任何支持人员的薪水。因此，从业务角度看，让他们充当项目的专门支持人员是没有意义的。

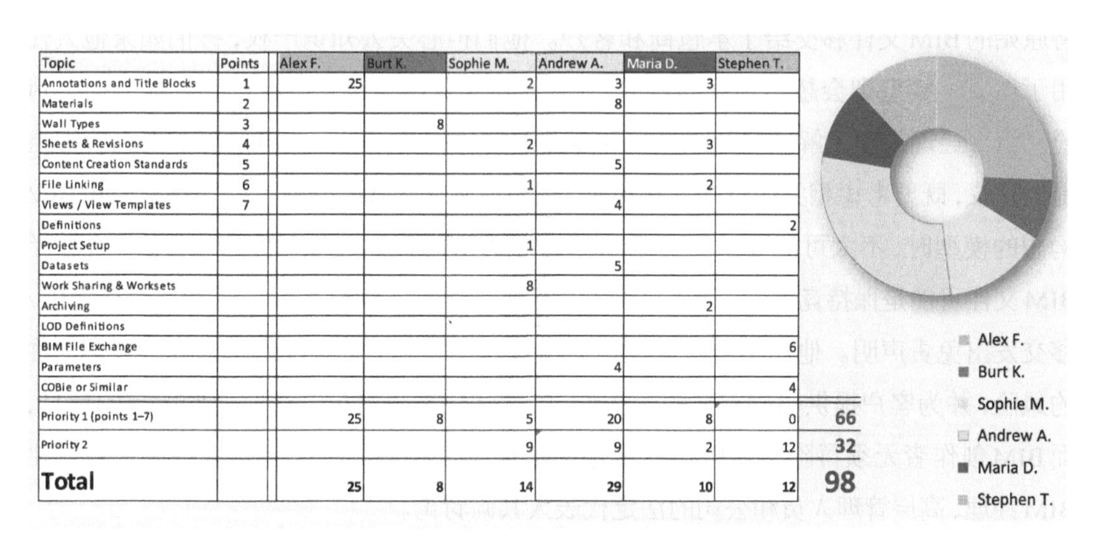

Topic	Points	Alex F.	Burt K.	Sophie M.	Andrew A.	Maria D.	Stephen T.	
Annotations and Title Blocks	1	25		2	3	3		
Materials	2				8			
Wall Types	3		8					
Sheets & Revisions	4			2		3		
Content Creation Standards	5				5			
File Linking	6			1		2		
Views / View Templates	7				4			
Definitions							2	
Project Setup				1				
Datasets					5			
Work Sharing & Worksets				8				
Archiving						2		
LOD Definitions								
BIM File Exchange							6	
Parameters					4			
COBie or Similar							4	
Priority 1 (points 1–7)		25	8	5	20	8	0	66
Priority 2				9	9	2	12	32
Total		25	8	14	29	10	12	98

图5-9 BIM经理计划时间和资源的电子表格

一、界定BIM范围

在项目工作开始之前，BIM经理的任务就是审查客户发布的项目简介。审查简介时发掘的信息可能会对人员配备、项目采购产生重大影响，甚至可能涉及法律问题。正如第四章所强调的那样，甲方可能对他们的BIM需求含糊不清，甚至会提出不切实际的要求。BIM经理必须承担由项目简介或合同文件中不一致的BIM需求所引起的对公司的任何潜在风险，这一点至关重要。风险中的两个关键领域涉及专业赔偿（PI）的模糊定义和知识产权（IP）的分布。因此，在对专业服务协议中的BIM条款进行审核时，BIM经理需要仔细查看可能会使公司面临不必要风险的任何条款，如条款中会暗含甲方希望他们的顾问提供超出保险范围的服务。随着通过BIM共享信息的机会越来越多，潜在的风险可能会超出先前被认为“适合目的”的范围，如建筑师可以将他们的设计意图模型传递给将来进行建造工作的承包商。让BIM经理通过退货简报提供意见，可以最大程度地降低公司面临的与交付成果相关的风险，这些交付成果超出了保险赔偿范围或商定的费用。然后，BIM经理会仔细检查甲方的意图，在通过BIM实现期望的路上，为甲方/团队匹配出更好的替代方案。

另一个值得BIM经理审查的领域是关于知识产权（IP）的合同条款。许多顾问担心将原始的BIM文件移交给了承包商和客户。他们担心失去知识产权，害怕如果他人使用了他们的模型则会超出预期的目的（并且超出了保险范围），最后自己可能会面临风险。BIM经理需要了解这些知识产权和专业赔偿的相关问题。BIM经理需要向管理层提供建议，既要考虑相关信息的交接风险，也要说明这样做的好处。公司移交使用BIM构想的模型时，不太可能要求更高的费用。在BIM成为标准交付的市场中，移交原始BIM文件可能是保持竞争力的唯一方法。如前几章所述，BIM经理可以对其模型输出/移交发出免责声明。他们还可以通过拒绝任何客户的模型所有权请求来控制公司面临的风险，并为客户提供明确定义的永久许可。这样，客户就可以获取他们所需的信息，而BIM创作者无须冒险将这些信息传递给他们无法控制的第三方。这些问题最好由BIM经理、高层管理人员和公司的法定代表人共同讨论。

经过对合同可交付成果的审查，BIM经理应与公司的法律顾问协商制订定制的“BIM免责声明”。然后，免责声明文本将包含在其文档集中。此类免责声明的有用之处在于其功能是突出显示产生该声明的一方进行建模工作背后的预期目的以及模型（及其相关数据）的特定用途。因此，组织可以保护自己免受与任何模型零件相关联的细节/精度级别以及与几何相关的数据的使用有关的任何主张。如果标准模板文本不足，

BIM经理可能会寻求法律建议来调整其组织的免责声明文本。

免责声明示例文本

1.此BIM中的信息是出于××公司表达建筑设计意图的目的而生成的。除非明确指出，否则本BIM中的任何内容均不构成履行合同义务的要约。BIM中包含的任何信息均不构成或不应被视为构成提供超出建筑设计意图的信息的行为。××公司进行信息移交的合同义务仅是指提供2D文档。

2.尽管××公司采取了一切措施以确保本BIM中包含的信息准确无误并在修订时是最新的，但BIM中包含的信息是"按原样"提供的，不会有任何形式的保证。××公司不承担任何责任，也不会对由于本BIM中包含的任何信息的不准确性或遗漏所引起的任何损失负责。

3.使用此BIM模型中包含的信息的任何一方均有严格责任，核实与其注意义务(duty of care，因为行为人主观上的疏忽而未尽到相应的义务)有关的信息的准确性以及相应的模型内容。

4.除非另有说明，××公司拥有与此BIM相关的任何内容的版权(无论是几何图形还是数据)。BIM模型任何部分的复制均不得用于任何商业目的，也不得以硬拷贝(资料经由打印机输出至纸上称为硬拷贝，若资料显示在屏幕上则称为软拷贝)或电子格式对其进行修改或并入任何其他作品中。保留所有权利。

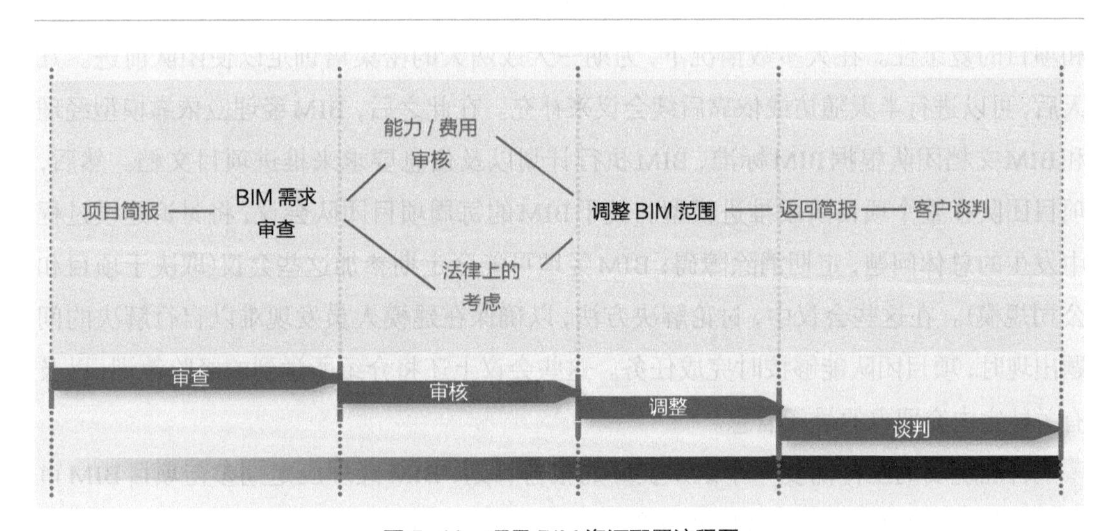

图5-10 项目BIM资源配置流程图

授予合同后，BIM经理通常会根据特定的项目动态和团队要求来帮助微调BIM执行计划(BEP)模板。在许多情况下，BIM执行计划是一项“进行中的工作”，一旦有更多的有关项目涉众和BIM要求的信息，BIM经理就需要在一定程度上灵活地对文档进行修订和更新。根据这种想法，BIM经理还必须将提议的BEP“推销”给其他团队成员。它应该足够坚定，可以为团队提供强有力的指导，同时仍然允许其他人提供意见并提出微妙的建议。最终，BEP的目的是帮助所有人进行协作，而不是产生可能使单个团队成员与协作BIM脱节的强大界限。在这种情况下，有必要了解BEP是否最终构成合同的一部分，或者仅在合同中提及BEP，因为这会对BEP协议的约束力产生影响。

二、启动BIM项目并监控其进度

一旦项目或特定项目阶段即将开始，通常是BIM经理(与IT协作)为团队准备要运行的软件/网络环境。BIM经理根据BIM标准建立项目文件夹结构，确定好将(较大的)模型分解为单独子部分的最合乎逻辑的方法，将项目模板加载到BIM设计软件中以及准备项目特定的材料定义和BIM特定内容。在此之后，BIM经理指导针对模型经理(如果适用)、项目负责人和文档团队等的项目上岗培训会议。

一种可以促进BIM中任何项目顺利启动的方法是BIM经理(如果适用，可以与模型经理合作)对员工进行短期指导。任何项目的指导工作持续时间取决于团队的知识水平和项目的复杂性。在大多数情况下，为期一天或两天的密集培训足以使团队前进。几天后，可以进行半天随访或依靠后续会议来补充。在此之后，BIM经理应依靠模型经理和BIM文档团队根据BIM标准、BIM执行计划以及信息要求来推进项目文档。然后，项目团队在整个项目阶段推进模型。关于BIM的每周项目团队会议，将讨论建模过程中发生的总体问题，定期消除障碍；BIM经理可能会定期参加这些会议(取决于项目和公司规模)。在这些会议中，讨论解决方法，以确保在建模人员发现难以自行解决的问题出现时，项目团队能够按时完成任务。这些会议上还将介绍所学到的经验教训，以及有关特定内容要求的最新信息。

管理现场的工作需要一个组织良好的报告计划，BIM经理应定期参与项目BIM审查。根据公司规模组织的信息发布会，当地的BIM经理、模型经理或BIM建模员将会报告项目中出现的重大问题。他们讨论BIM在项目中产生的任何问题，并报告可能影响BIM标准的任何的与质量保证相关的问题。会议还将揭示团队可能具有的任何特定内容要求，并讨论团队如何在内部解决它们或者是否需要其他支持。

三、协助信息交付

除了对BIM设计软件中的建模过程和相关命令有深入了解之外，BIM经理通常还负责建立来自BIM团队的输出。通常由建模过程产生的输出主要分为三类：用于文档编制的2D图样、用于可视化的3D模型（虚拟或物理）、以时间表和其他形式提供的数据。根据合同义务，除了模型本身以外，客户还可以在任何给定项目中以不同的组合和方式要求这些输出中的任何一个。

印刷的2D文档输出仍然是关键的合同可交付成果，它等效于BIM之前的时期为设计和施工而制作的图样。BIM经理协助生产团队微调这些“图形”的外观和感觉（或者更确切地说是3D模型中各个部分的抽象）。BIM内容一致的命名和结构，结合严格应用的查看模板，有助于提高2D文档的质量。通常需要一定程度的手动操作才能为2D输出提供最终表达。设计顾问通常仍会使用BIM软件中的2D功能来绘制大于1:50的任何图形。在这里，BIM经理要么接管CAD经理以前的职务，要么与组织的主要文档输出质量检查专家密切合作，以确保项目的高质量输出和多个项目的一致输出。BIM经理通常会尝试将CAD标准定义引入其BIM标准的开发过程中，并对其进行调整以适应BIM环境下的工作流程。当涉及2D文档输出时，BIM经理明白只有在文档以所需的形式出现在打印纸上之后，他们的工作才会完成。因此，BIM经理通常会指导项目团队进行图样设置，包括标题栏和其他相关信息，以便在打印副本中显示。较大的文档集的批量打印也可能带来挑战，博学多才的BIM经理最好为它提供支持。当需要解决任何软件和硬件限制时，BIM经理会介入。合同约定的文件提交之前的紧张时期，软硬件的技术问题可能会影响按时交付。BIM经理与模型经理和BIM建模员协作解决这些问题，从而在项目达到关键交付里程碑时提高信心，使团队受益。

图5-11　用于现场BIM工作的模型输出

协助团队将选定的3D视图和数据明细表包含到2D工程图中，来帮助团队使其文档产出超越传统的交付成果，这对于BIM经理来说是匹配度非常高的一项工作。这些辅助输出可以参数化方式实时链接到文档集中，从而在更改设计后自动更新。

除了2D图样中包含的信息外，项目团队还可以使用许多其他可视化输出。根据内部偏好和客户需求，BIM经理的任务通常是定义工具生态，以最有目的地实现所需的3D输出。为了达到任务目标，BIM经理需要深入了解如何将BIM模型内容与补充3D可视化/动画工具固有的材料或表面边界定义相衔接。第三章讨论了许多解决选项。

BIM经理还要对公司的主要BIM设计工具和用于3D输出的大量软件［从简单的渲染工具到交互式仿真（例如虚拟现实引擎）和混合现实输出（例如Oculus Rift）］之间的接口选项进行连续测试。BIM经理需要测试各种工具之间的版本兼容性，因为任何软件更新都可能切断以前起作用的连接。

在BIM模型输出符合合同约定的交付成果要求的情况下，BIM经理需要根据其专业服务协议和BEP规定的格式，确保其的互操作性，有时还要确保其的版本兼容性。这可能包括移交公司定制的BIM设计软件中生成的源文件，导出IFC格式或减少协调工作量的其他格式（如Navisworks的NWD或NDF格式、3D几何尺寸数据的DWG或DXF）。

四、最大化BIM产出

BIM经理坐在驾驶席上，协助公司充分利用BIM产生收益。一方面，他们应该寻找BIM有助于简化内部流程的机会。此外，可以将一些BIM产出提供给承包商或客户，并使他们在供应链下游的特定业务受益。

对于BIM经理来说，了解在任何给定项目上建立不同级别的BIM相关产出所付出的努力至关重要。他们需要在公司提供的任何非标准BIM产出旁边设定一个价格，并向公司内部决策者清楚地传达工作和费用水平。这将使管理层有机会在内部需要考虑的服务以及在合同谈判中可以销售给客户的服务中做出明智的判断。许多BIM经理的主要弱点之一似乎是，他们局限于BIM的基础应用点，而忽略了让自身以及BIM的价值回归到商业本质上，并最终把价值卖给客户。

增值产出选项的示例包括（但不限于）：

1）体量研究过程的遮蔽评价（服务于规划软件）。

2）项目简短的渲染动画和3D演练。

3）渲染动画以说明施工顺序和进度。

4）交付3D模型，该模型可以由客户端通过Web浏览器进行交互式导航。

5）将这种交互式模型进一步融入混合现实Oculus Rift中，供客户审查。

6）用于体量/工程量、摘要和反馈的自定义脚本。

7）定制脚本，可针对选定的合规性规则询问模型。

8）用于空间语法检查的自定义脚本。

9）设计或其部分的3D打印。

10）数据采集以与运维手册交互。

11）数据采集以进行空间管理。

12）数据采集以进行资产管理。

13）数据采集与入住后评价进行比较。

14）数据采集与楼宇自动化系统进行交互。

编者最近进行的一项行业研究试图捕捉BIM在备受关注的工程实践中工作水平的

变化。结果表明，生产符合自己目的的BIM相关工作的努力水平与主要受益于下游各方的BIM相关工作（如分包商和客户）的努力水平存在很大差异。

图5-12　增强/混合现实施工模型

从设计BIM到施工BIM再到FM的链接，需要承包商尤其是分包商的积极参与。因此，大多数人认为使用BIM相比CAD会增加交付时间。相比之下，大多数其他流程（尤其是内部流程）显然受益于将BIM引入到项目中，特别是在可视化、2D文档生成和进度计划方面。

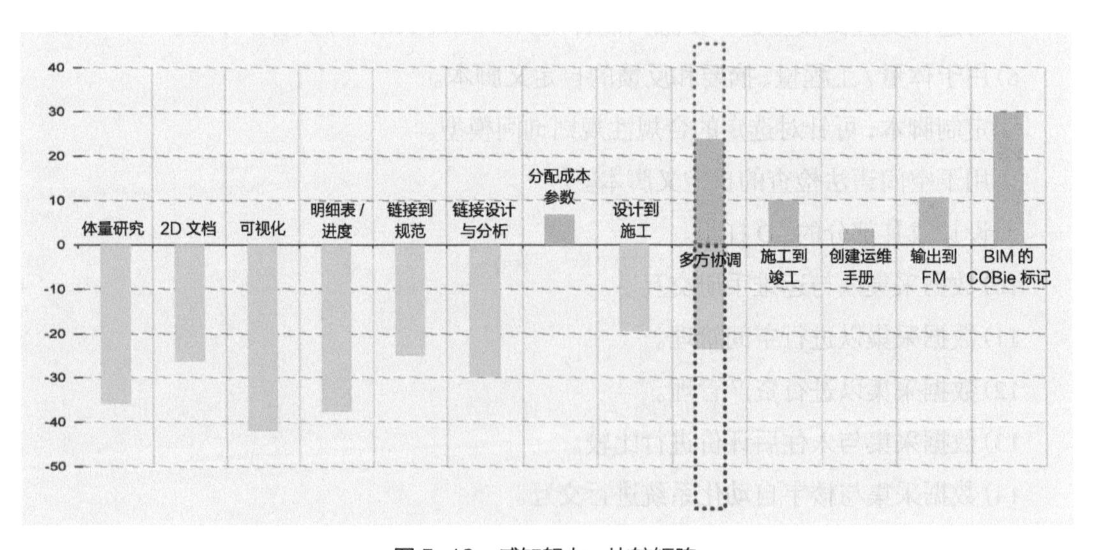

图5-13　感知努力—比较矩阵

五、跨学科的BIM

与BIM经理的角色主要相关的项目的一项主要任务是检查使用不同BIM软件生成的联邦模型中的不一致之处，促进多学科协作。这种不一致的主要部分与冲突（重叠）有关。将来自不同学科和行业的几何模型并置在一起时，冲突就变得很明显。冲突检测通常发生在两个时期；第一个时期的冲突是由咨询方生成的设计意图模型中的冲突；第二个时期的冲突是基于分包商和行业的输入而在施工模型中产生的冲突。这两个时期之间的主要区别在于，施工BIM模型具有更高级别的精确度，因此需要更多额外的知识来协调施工BIM，这些知识来源于对安装方法和空间要求的深入理解，以及承包商对操作中维修设备的访问要求的理解。

通常，根据BIM执行计划(BEP)中的条款来安排多学科建模工作。在BEP中，BIM经理确定项目原点和项目北。BIM建模单元、公差和其他特定于建模的约束都可以通过BEP定义（通常由咨询方的首席BIM经理定义，然后由承包商的首席BIM经理进一步定义）。除了这些技术标准外，多学科工作还需要协调各方就交付过程的顺序以及相关模型资源的定期共享达成一致。传统的文档协调是在2D文档打印副本上检测并标记，而BIM模型中的冲突检测主要发生在大屏幕或投影仪上的专用房间中（围绕屏幕或投影仪上的BIM模型进行冲突检测讨论）。打印的2D文档副本仍然可以用作补充信息，但是通常，多学科团队会围在屏幕周围，查看各种模型的不一致和冲突。BIM协调类软件会在联邦模型中突出显示这些不一致和冲突的地方。为了巩固BIM协调会议期间要讨论和达成共识的关键信息，专门的BIM模型协调员（可以是BIM经理）的作用是指导其他人完成协调过程。为了实现这一目标，首先，协作方应同意在安排BIM协调会议之前三到四天移交其模型（或将其上传到基于云的中央系统中）。然后，BIM模型协调员（如BIM经理）将各个文件联合到单个数据/模型环境中，运行冲突检测脚本，最晚于BIM协调会前天发布冲突报告供他人参考。最后，团队其他成员应在会前消化冲突报告信息以加快BIM协调会议的进程。

BIM协调会议的举办频率取决于项目的复杂程度及其所处的阶段。作为基准，设计开发期间的BIM协调会议每两周举行一次，此后每周例会议可能会为BIM协调提供最好的平台。对于那些建模的人来说，至关重要的是在移交给协调时中断他们的工作，

图 5-14 多学科 BIM 协调会议

并且只有在召开协调会议后才能去进行变更，否则就会出现协调不同步下模型继续迭代的风险。同样重要的是，BIM模型协调员必须检测出任何过时的模型更新或建议却没采纳的更新。随着越来越多的公司开始通过云端进行BIM协作工作来增强利益干系人之间的连接性，有可能在不久的将来会实现以更短的间隔进行协作。这些间隔可能会缩短到可以实时访问联邦模型并且冲突接近实时解决的程度。

自然地，参与组合建模工作的各方也可以在规定的协调节奏之外进行协作。例如机械承包商可能希望每两周与液压承包商进行设计协调。只要这些方法与团队的总体协调框架不冲突，这些方法就没有问题。在发现冲突时，很可能在一开始就发现大量不一致之处。此类冲突的数量可能达到数千，当然并非软件检测到的所有“冲突”都是这样的。在BIM模型协调员的指导下，任何多学科项目团队都可以很快识别并区分需要解决的冲突关键点。在大多数情况下，这将导致一方移动其各自模型内的元素，避免发生空间重叠。诸如Solibri、Autodesk Navisworks和Tekla的BIM Sight等 BIM协调软件内置了报告功能，可以使团队利用标记功能快速识别不一致和冲突的问题。

随着施工前协调工作的进行，团队将逐渐消除联邦模型中的不一致之处。由于许多建设项目的快速跟踪性质，跨学科团队有可能无法在开始建设之前解决所有冲突。即使必要，也不一定需要这种方法。取而代之的是，BIM模型协调员要首先确保施工的虚拟(联合)模型中的那些区域没有冲突。从这个意义上来说，只要系统/元素的任何重新定位不会从根本上影响其他楼层和区域的布局，那么冲突检测就可以集中在某些特定的楼层/区域上。

BIM协调作为一种完善的方法来阐明施工文档和施工图(shop drawings，并非是指设计院出的施工图，设计院出的施工图并不能完全指导现场施工；而是指设计院施工图经过施工单位深化后而形成的图样)中的不一致之处，正成为设计和施工协调的标准方法。错误(如联邦模型中的冲突)很容易被检测到，并且BIM协调过程很可能会产生高质量的“产品”，而且出现问题之前就可以在屏幕上解决问题。

六、超越模型

与建筑公司合作的BIM经理和协调员有机会进一步推广联邦模型(合并的模型)，审问数量和成本，并将模型内容链接到施工时间表。

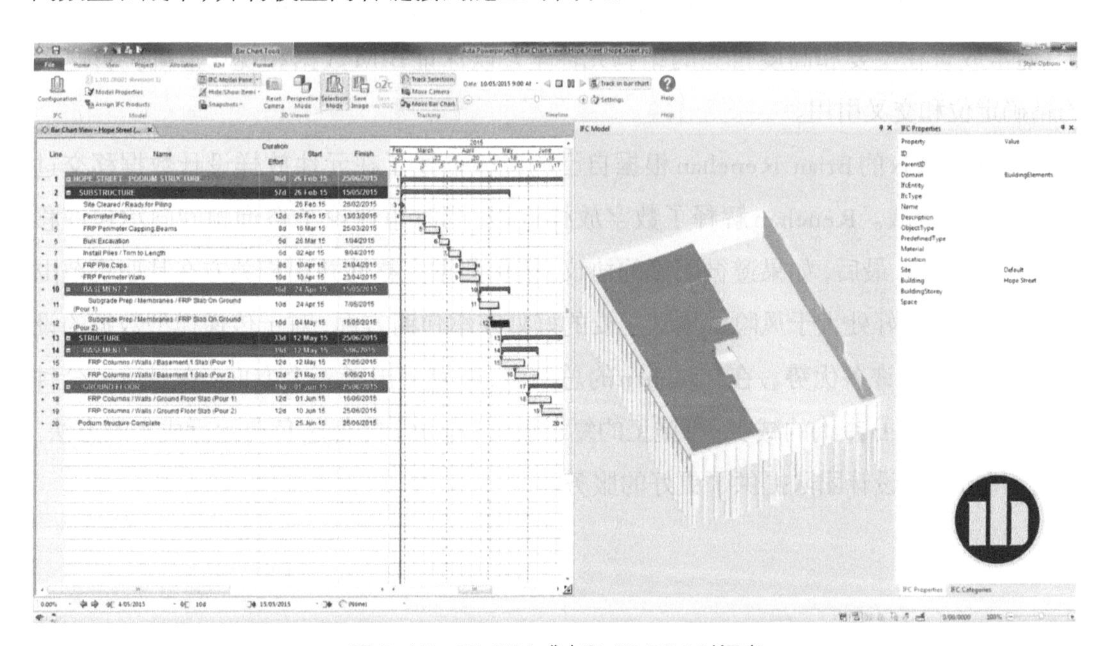

图5-15 5D BIM成本和4D BIM时间表

许多软件选项允许项目经理和BIM协调员链接建模内容和甘特图，以进行基于模型的施工编程。基于BIM的流水线调度在许多现场都变得司空见惯，并且可以与现场安全模拟相关联。然后，项目经理将使用此信息来管理交易、解决调度冲突、记录物料移动以及总体检查施工进度。BIM中的4D调度甚至可以与起重机的移动以及现场的其他物流活动相关联。

来自BIM的模型数据可以在现场满足更多目的。除了使建造者对将要安装的系统/建筑构件空间配置有所了解之外，BIM模型还可以用于在现场高精度部件放样。模板、墙壁、吊架、底座等都可以通过从BIM施工模型中提取的3D点的激光投影而精确地定位在现场。用于此目的的现场BIM设备（例如Trimble的全站仪）还可以帮助记录施工和安装进度，并通过Wifi连接将该信息反馈给模型服务器。在那里，它可以与Vico的Office Production Controller之类的工具进行连接，该工具可以将来自现场的数据与总体施工进度通过接口连接。项目经理可以使用该信息来确认施工进度的确切状态，在出现延误的情况下探索替代方案，并为将来的生产提供预测功能。

现场应用BIM放样的先决条件是，团队建立一个公共控制网络——一个参考点集合（通常放置在主要和高度可见的结构元件上），以保证BIM数据和现场准确位置之间的精确定位和交叉引用。

来自BIMfix的Brian Renehan根据自己的经验描述了在元件放样设计数据移交过程中的潜在挑战。Renehan解释了数字放样过程，同时也评论了咨询顾问向承包商移交模式的风险。最后，如果遵循明确的协议，确保数据完整性并由相关方在其职责范围内进行检查，则好处大于风险。承认主要的好处在承包商方面，对于传递模型数据的设计师来说，也有许多优势。在Renehan的总结中，特别突出了三个方面：在最后一分钟“请求信息”（RFI）查询的减少；可施工的复杂设计；有助于降低超负荷运行成本的方法。因此，甲方认为设计团队提供了更好的服务。

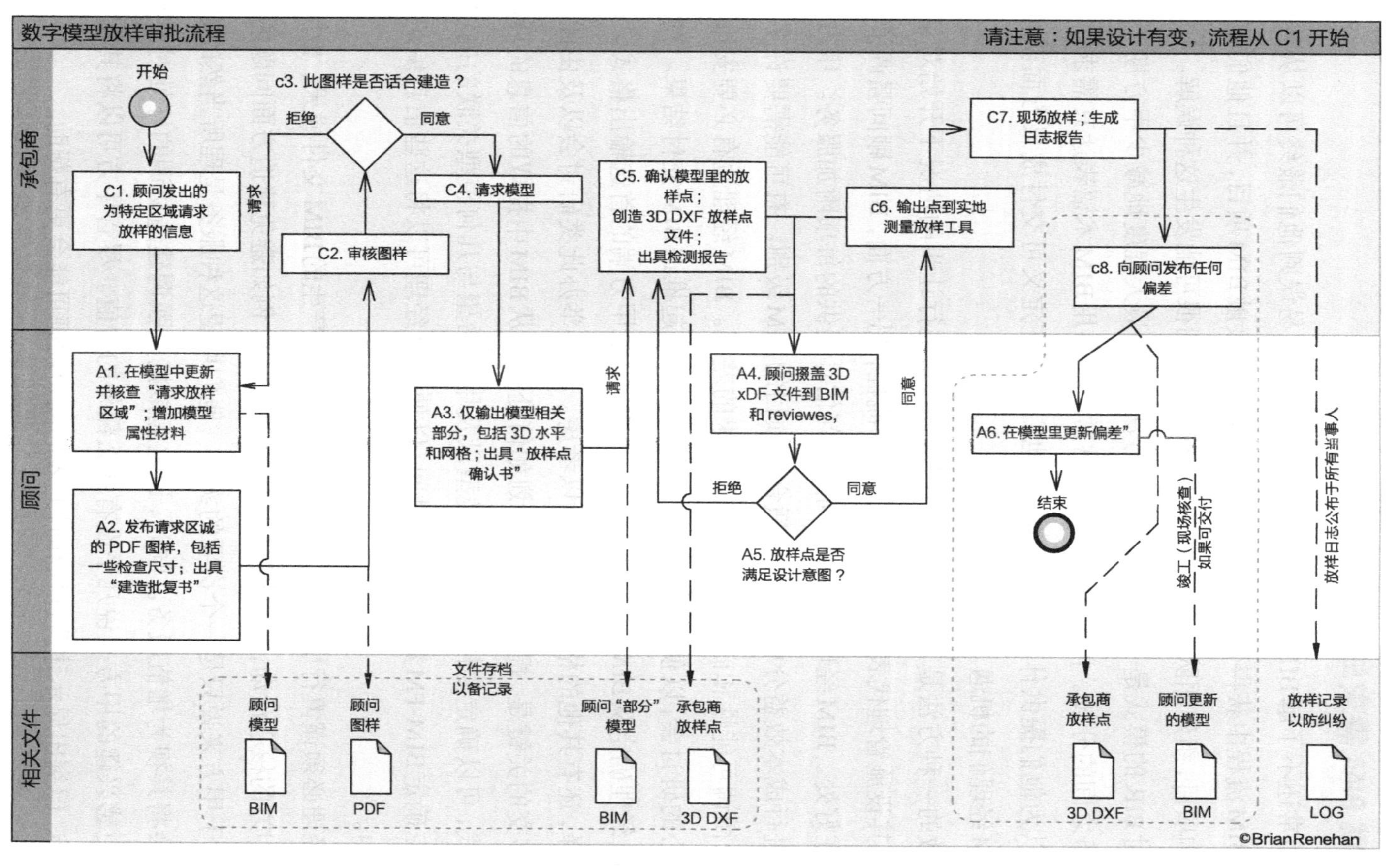

图 5-16 数字放样流程图方案

七、就 BIM 需求与甲方交换意见

甲方通常还不了解BIM固有的内在动力，因此容易误判他们最终可以从其项目团队推动的BIM流程中获得什么价值。如果他们很少接触BIM项目，并且他们使用传统合同来采购项目，组建团队并确定相关的费用结构，则很可能发生这种误解。甲方向项目团队交付EIR的模式是一种很有希望的方法，可以最大程度地减少甲方期望与团队提供的服务之间的分歧。问题仍然是甲方常常不熟悉用BIM术语表达其需求。由于缺乏BIM可以为他们提供什么的相关知识，他们需要在定义可交付成果方面获得支持。这正是BIM经理们的机遇。

这样做的一种方法是，在甲方与项目团队之间进行让步的情况下开始对话：一方面，甲方及其设施管理代表解释了他们的内部流程；另一方面，BIM顾问强调了BIM对甲方的潜在好处。BIM经理可能会被问到如何估计提供的每项附加服务。甲方会根据这些反馈进行成本效益分析，以确定适合该项目的BIM级别。有可能需要许多互动会议，才得以微调可能性和商业上渴望实现效果的差距。BIM经理也有必要安排一些以甲方为中心的研讨会，以便与甲方的设施管理团队一起推进BIM交付结果。在这些会话中，BIM经理确定从BIM产生的任何数据被移交给甲方端的首选输出格式。COBIE是一种选择，还有其他的格式和方法可以考虑。成功举办此类研讨会以及由此产生的BIM-FM移交的关键是，提高对甲方计划如何处理可从BIM中提取的信息的理解。通过这种方式，可以确定要传递的信息类型以及甲方希望与几何模型关联的确切属性。研讨会还应确定BIM-FM数据丢失的时间，以便BIM经理可以将这些信息编织到BIM执行计划中。

BIM经理必须谨慎行事，避免仅仅考虑他们直接产生的BIM交付成果；相反，他们需要强调甲方的核心活动，以提取其业务的关键要点，例如避免建造方面问题的良好协调设计，对于甲方来说只是一个次要的卖点。他们期望这种服务是理所当然的事情，并且可能不会将其视为增值服务。同时，通过虚拟接口强调建造协调的好处对于那些对运维方面更感兴趣的甲方来说几乎没有什么额外的价值。尽管甲方可以将其用于市场营销和宣传，但突出显示建造过程和时间表的简短动画可能会更有帮助。

第四节 应急之策与援助之手

虽然上述章节强调了BIM经理可以采取哪些措施以结构化的方式获得项目支持，但是对于基于项目的BIM管理，通常仍然存在一个特别组成部分，这似乎是不可避免的。这存在一种矛盾情况，即对BIM经理来说，为项目提供即时支持是一种非常有益的经验，而同时，在他或她的所有任务中，它可能是效率最低的。

由于BIM经理有机会建立本书中描述的支持基础结构，因此始终会存在一个组成部分，要求BIM经理提供即时的项目支持。在某些情况下，只是需要简单地询问与软件有关的问题；在其他情况下，可能会要求BIM经理补偿项目中的人力短缺。还有一些情况，BIM经理将再次寻求解决方法和快速修复，以使项目团队能够毫无争议地继续其工作。

这种救急经常发生在与BIM和IT相关的广泛问题上。不应将普通员工有特定"操作方法"问题与"无法预期的问题"混为一谈。BIM经理有时会以能够提供特别支持而自豪，从而对同事的即时需求做出反应。但是，这样的努力应该带有警告：尽管有时不可避免的这种形式的支持，但它却适得其反：只有获得快速解决之外，获得支持的人很少会从中受益。他或她不太可能下次学习如何处理类似问题。响应过度的BIM 经理可能会在出现问题时被工具化并视作理所当然的人。甚至可能会出现问题：陷入无休止的项目指导中，这可能会占用BIM经理的大部分时间，从而使他或她的核心职责——管理分散！

如本章前面所讨论的，避免这种边缘化的一种方法是在精心编写的业务计划中澄清与项目相关和无关的工作比例。这一区别与若干原因有关，其中之一直接关系到BIM分配给项目的费用，或者作为无法向客户收取的一般费用。经验丰富的BIM经理将在其业务计划中投入一定比例的时间用于项目救急和支持。最小化因项目要求而造成的干扰的一种方法是确定"停电"时间：一天中BIM经理将其100%的时间专门用于与项目无关的工作的时间。这种停电需要与项目截止日期相协调，并由领导签署。在那些时期，BIM经理将自己从公司内部的“公共访问”中撤出，以便完全专注于与管理相关的问题。实践中的每个人都应该意识到这些时间，并允许BIM经理跟进战略事宜。

最终，减少BIM经理无法预见的项目工作的最佳策略是多种支持机制的结合：从明确制订的BIM标准，连接到质量视图模板的质量库到成熟的培训，可靠的项目启动指导，将任务下放给更广泛的BIM团队，通过内部研讨会/会议提高BIM技能以及培养点对点支持的文化。

那些设法以这种方式为日常活动提供支持的BIM经理可以提高公司内部BIM的整体能力，并使其随着时间的推移变得更加自给自足。

出色的BIM管理不仅要帮助他人，而且也与获得专家技能有关，这些技能可以使个人在一般情况下，尤其是BIM方面擅长使用技术。BIM经理如何提高自己的技能？如何获得专家地位并超越项目团队的限制提升自己的知识？ 第六章追求卓越BIM成就回答了这些问题，并暗示了BIM经理在职业发展中可能考虑的未来方案。

图5-18 BIM经理协助在地板上交付

第六章

追求卓越 BIM 成就

杰出的BIM经理与优秀或仅仅精通的经理有什么区别？ BIM和建筑建模技术的管理方向在哪里？前5章探讨了BIM的最佳实践、变革管理的社会组成、技术知识以及战略和日常支持；相比之下，最后一章将重点转移到特殊情况中，并对关键因素进行令人信服的描述，这些因素将带领BIM经理在工作中脱颖而出。作为本书的总结，本章还重点介绍了BIM管理从设计协调和以模型为中心的活动到项目管理和数据工程的路径。

图6-1 英国谢菲尔德大学AMRC工厂

BIM管理是一套可移动部件的套件，其中每个元素都在不断变化。正如本书中多次强调的那样，BIM经理的角色经常被误解，甚至在他们自己的公司中也是如此，这使得那些做得很好的人很难得到他们应得的认可。然而，有越来越多的真正致力于追求卓越的个人，他们推动着BIM的发展。这些专家与其他专家的区别在于他们的好奇心。他们不只是沉浸在日常工作中，而是把不断地质疑作为影响项目总体设计、施工和管理更大发展的一部分。他们检验想法，真实地辩论，然后传播他们的知识。他们是意见领袖，在众多公共论坛、社交网络、会议、本地甲方组会议等上积极讨论BIM及背景。这些BIM管理者和技术领导者处于创新的前沿，往往对他们所在公司的竞争力做出显著贡献。因此，他们受到高度重视，薪酬丰厚，是在全球范围内代表公司利益的人物。作为一个副产品，他们正在推销其公司的BIM能力，并建立一种卓越感，这可能是甲方选择一个顾问/承包商而不是另一个的决定性因素。

在本书的最后一章中，进一步采取了该方法，即在BIM及其管理中纳入了来自全球顶尖专家的反馈。为了回答上面提出的关键问题，四位德高望重的专家对这里呈现的每个主题发表了见解。每一位都结合了广泛的BIM项目经验（通常跨大洲），和对BIM在建筑行业中的地位以及BIM经理在其中的作用进行了清晰表述。他们每个人都是独立的专家，经常在公开研讨会、讲习班和会议上分享他们对BIM的见解，包括Ronan Collins，InteliBuild的常务董事（InteliBuild是一家活跃于全球的BIM管理和虚拟建筑咨询公司，其总部位于中国香港）；Rob Jackson，英国Bond Bryan Architects副总监和BIM爱好者，运行BondBryan BIMBlog(BIM 博客）——全球业内最受关注的信息资源之一；Paul Nunn，全球工程设计、详图和3D BIM公司PDC的BIM总经理，负责监督BIM在澳大利亚、菲律宾和北美办事处的众多项目；最后，纽约的Robert Yori——Skidmore, Owings & Merrill LLP(SOM)的高级数字设计经理，该公司是世界上最大和最具影响力的建筑、室内设计、工程和城市规划公司之一。这些专家共同探讨如何在BIM中脱颖而出。他们提供了有关BIM经理需要采取的关键步骤的见解，以便BIM经理获得“专家”的地位，并让他们的公司在BIM的使用方式上崭露头角。

在此，他们讨论了BIM管理者如何拥抱创新，如何将新的想法引入到他们的公司和外部。当BIM经理致力于提高其能力的研究时，任何BIM经理的个人发展都是关注的重心。他们如何缩小BIM与FM管理以及其他以信息为中心的流程之间的差距？除了上述主题外，这四位专家还解释了BIM经理如何理解当地（或国际）政策和指导方针，以促进其实践。

借鉴四位受访者的回答，第六章指向未来：接下来会发生什么？ BIM经理应如何为BIM在项目管理和信息管理中的日益普及做好准备？面对越来越以数据为中心的设计和交付过程，他们需要掌握哪些技能？建筑行业将如何变化？以及BIM经理在促进这种变化方面扮演什么角色？

第一节　追求卓越BIM

“BIM经理必须了解并反思其公司的目标。”

SOM高级数字设计经理Robert Yori

经常被媒体描述为内向、怪异，一只手持玛氏巧克力棒的高科技怪胎时代已经一去不复返。当今的技术精英不论男女，他们通过网络进行远程交流与人际交往，往往雄辩而富有个性，但同时专业且中肯。对于那些出于对技术的兴趣而逐渐成长的BIM经理，要拥有这些素质，通常需要提高其沟通技能，以便与同行产生共鸣。建立强大的BIM专家网络并推动有关BIM及其他学科的发展，是成为BIM经理不可或缺的一部分。

有什么选择可以使BIM经理超越其公司内的受限工作环境，并将其以及他或她所做的工作展示给与BIM相关的更广泛的活动？他们如何与他人互动以推进自己的工作，并在某些情况下帮助扩大BIM在本地和全球的业务范围？ BIM的四位全球领导者的以下回应反映了BIM经理们在标准培训之外提高其技能所依赖的关键信息来源。BIM目标与公司的总体目标保持一致以及与他人进行社交活动，这些都是实现卓越BIM的基本要素。

我们的全球BIM领导者对如何让BIM经理出类拔萃的看法如下。

Ronan Collins：出色的沟通能力——能够倾听，讨论和解释观点——对于成为BIM经理至关重要。无论是在一个公司内运营还是作为项目的BIM经理，都需要关注每个人，并使他们参与BIM流程。这需要协同，大量的对话以及灵活地考虑他人意见的能力；在需要的时候以果断的方法来平衡。

Rob Jackson：BIM经理必须了解的最重要的一件事是他或她所支持的特定业务的流程。如果不了解这一点，就很难进行改进，因为甲方会简单地以“你不了解流程”来进行反击。我见过的大多数BIM经理都是有公司的，他们的方法很周到，有强迫症倾向，有决心且有能力跳出固有思维。该角色既是独立工作，又是更大团队的一部分。在某些时期，需要进行开发，但是与此同时，与甲方讨论新的想法并获得支持，这对于真正实现变革也很关键。一位优秀的BIM经理会坚持他们的建议，但也会吸收反馈意见以改进流程。

图6-2 企业园区项目

Paul Nunn：从我的角度来看，如果建筑师、工程师或设计经理具有丰富的建筑经验，可以使BIM经理脱颖而出。除了担任承包商的BIM经理外，我还审核了许多针对甲方和承包商的BIM项目，并且不断遇到从未参与过现场工作或没有与承包商接触过的建筑师、工程师或设计经理，他们根本不了解施工交付过程。

第二节　成为BIM专家

“我个人认为没有‘BIM专家’。一个人真的可以了解设计、建造和运营工作流程的每一项要求吗？现实是，对于任何人来说，这些主题都太大而无法真正掌握。”

Bond Bryan Architects副总监Rob Jackson

可以谈一下BIM专家吗？在不断扩展和变化的环境中，如何成为BIM专家，以及如何保持领先？

BIM专家的身份不是一朝一夕就能得到的。通常，这样的身份是在日常交付过程中手忙脚乱，以及跟进项目领域之外的最新发展中产生的。当沉浸在项目中时，要花数年才能在该领域里获得真正的专业知识。这样，BIM经理可能会遵循与其特定领域相关的特定路径，无论是建筑、工程还是建造。要获得同行和行业对某一特定领域知识的认可，最根本的是要了解其在应用方面的局限性，以及该专业知识对推进整个项目的影响程度。

除了在项目上积累经验外，BIM经理还通过参加专门的培训课程和讲习班，参与BIM博客互动，在本地甲方组会议（传统上是基于单个软件的使用，但现在更多地涉及一系列BIM应用）与其他专家进行交流，出席BIM会议并在会议上进行演讲，积极参与有关专业网络（例如LinkedIn）中的专家组的讨论等方式来提升自己的技能。这些要点的典型补充是“非工作时间”会议，在此会议中，BIM经理可以了解最新的软件开发、有用的解决方法以及其他关乎自己的培训。换句话说，BIM经理必须不断了解最新动态。

技术是变化的因素之一，BIM经理需要对与BIM和设计技术相关的流程和政策变更的相关新闻保持关注。

图6-3　国泰航空货运站

获得BIM经理“专家身份”的基本步骤：

Robert Yori：专家身份的最好描述就是将技术应用于实践的程度。我很喜欢把它比作语言——虽然有人可能会成为语言学和各种语言的学术专家，但知识被用于有效传达思想时最有效。对于BIM也可以这样说。必须从远见和战略层面理解程序和软件知识，然后以战术方式执行，以使项目取得成功。

了解AEC文化和本地化环境也至关重要。BIM经理可以做出一些相当大的改变，要想对任何类型的变革管理都有效，就必须努力了解现状，并在可能的情况下了解其原因。变革与妥协始于对话，对话始于理解与尊重。

Rob Jackson：在具有一定专业知识的特定领域或某些领域中，BIM经理更有可能获得专家身份。在许多方面，专家都知道何时何地向谁提出问题。专家身份来自于建立一个由其他人组成的网络，这些人可以帮助BIM经理找到正确答案。

Paul Nunn：很难成为专家。我认为这更多的是要对设计和建造过程有深刻的总体理解，足以使你知道要问什么问题，向谁提出问题以及如何提出问题。

Ronan Collins：我同意其他人的看法，但我相信个人可以成为各自领域的专家。例如，在公司内工作的BIM经理可以成为设计团队的BIM专家。他或她应该具有学位，已经在该行业中工作了至少五到八年，并且具有与其他设计顾问合作建模、制作图样和进度表的经验。他或她还需要了解承包商的需求，以便他们适当地调整项目。承包商的BIM专家需要了解项目计划，如何管理可交付成果以及如何使用BIM进行成本控制。他们还需要了解设计师如何处理，并在可能的情况下为设计师提供指导，以使设计模型更有效。

第三节　运用BIM进行创新并指导他人

“挑战不是寻找闪亮的新玩具，而是了解它们如何应用于公司或项目，如果有的话。”

InteliBuild公司总经理Ronan Collins

作为一名BIM经理，必须能够将已获证实的最佳实践的知识转化为一套说明，向他人概述典型的工作流程和BIM相关流程。这些知识不仅是通过项目经验获得的，而且还常常借鉴其他人的经验，这些人能够提炼出他们如何掌握潜在问题，并因此向更广泛的受众简要描述如何实现。在过去的几年中，社交媒体在支持全球甲方群体的BIM创新方面发挥了重要作用。BIM经理需要留出时间，保持自己领域内相关发展的领先地位。在使用的各种媒体中，BIM博客是与他人分享知识的一种重要方式。

图6-4 BIM审核

一、BIM博客

“社交媒体在保持文章、文档和标准与时俱进方面具有无价的价值。社交媒体还将我介绍给其他甲方和‘专家’。

Bond Bryan Architects副总监Rob Jackson

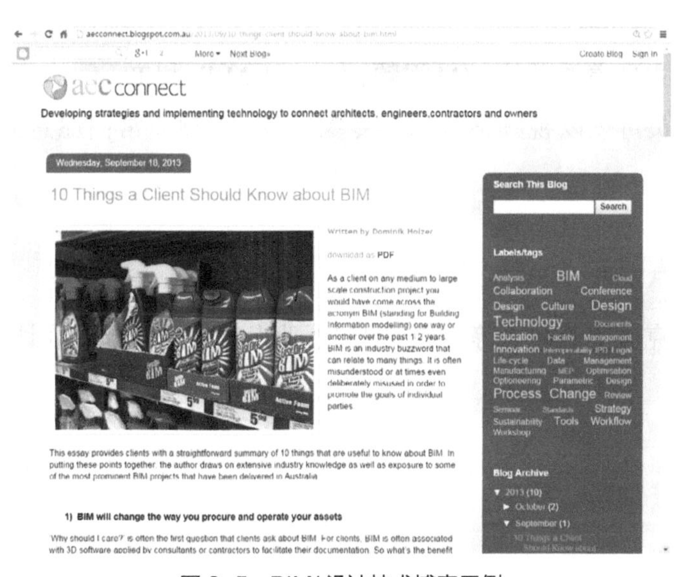

图6-5 BIM/设计技术博客示例

BIM博客已成为BIM经理备受推崇的信息源，他们定期浏览其内容，以了解可信赖的行业专家对软件开发的最新进展以及其他方面的深入见解。主要有两种博客。

第一种类型是个人类博客，该类型博客由个人进行维护，或多或少会定期更新，从每周到每月甚至更长的时间间隔。

第二种类型是投稿类博客。该类型博客通常至少每周（如果不是每天）更新博客。这些博客中有许多已经在BIM专家中广受欢迎。它们涵盖了BIM相关的各个方面，如从战略到实践，从以软件为中心到以流程为中心。

二、运行BIM博客

1）对已经存在的东西进行研究。你有什么要补充的吗？

2）请注意，博客应该是互动的，以邀请他人回应的方式撰写。

3）运用简明扼要的写作风格。

4）包含图片、视频，使你的文章更引人入胜。

5）在专业的在线论坛和网络（如LinkedIn）上公开你的博客条目。

6）快速回应：创造对话并允许表达不同观点；就特定的与BIM相关的话题进行热烈的讨论，以确保投稿切题。

最近新增的主要着重关注BIM视频，如Fred Mills和Tom Payne建立的B1M博客。在这里，成员可以以视频格式访问专家建议，视频通常由愿意分享见解的同行制作。

三、改变人们对BIM的看法

针对创新和克服变革阻力等问题，四位行业专家应邀对此发表评论，他们的反馈如下：

专家们对实施创新和克服变革阻力的观点

Rob Jackson：BIM经理需要花时间研究和测试新想法。克服变革阻力的关键是展示易于解释且甲方易于实现的工作流程。如果您要求10位甲方实施一个新的工作流程，则大概有两三个人会立即付诸实施。然后，此过程为BIM经理提供了进一步的证据，证明此工作流程可以在实际项目中实施。它不仅在内部为员工提供了证据，而且可以用于创建营销材料。然后，实施过程将用于支持资格预审方案，因为比起理论上的工作流程，它能更好地展示真实的例子。

当然，新工作流程的早期采用者还将提供进一步的反馈，作为回报，工作流程可以被进一步完善。第二波将采用经过同行认可的调整方法。不久之后，采用该工作流程的甲方百分比将达到临界值，然后不用多久剩下的甲方就会改变他们的工作流程。

我还要说，最成功的变革是带来真正利益的变革。例如，我们将一些必需的COBie字段集成到工程图中。这些字段对于构建我们的IFC模型以供其他用途大有帮助。甲方仍然在意并专注于图样输出，但是通过将字段添加到标准图样中，必须填写此数据。有些人没有意识到这是因为COBie，但这是理想的方案，一个小的改变就可以带来其他好处。

Paul Nunn：需要有足够的时间进行研究，出席会议和参加相关的网络研讨会。这部分归因于获得足够高的费用以使更多的员工或更多的时间进行这项研究。我们自己公司中的变革管理不是问题。然而，变革管理可能是与我们合作的大多数承包商面临的最大问题。

Ronan Collins：从经验来看，当前一代BIM经理非常了解BIM和更广泛行业的技术创新，包括云计算、大数据、激光扫描、3D打印、RFID和场布工具。作为BIM经理，您必须评估现有实践，确定创新想法是否可以提高团队的生产力或为甲方提供价值。只有这样，您才能弄清楚实施所需的变革并促使甲方改变他们的方式。

Robert Yori：改变的最好方法是展示出足以吸引人们模仿或研究的东西。在BIM的背景下，它可能是以更少人员运行的项目，或者是产生最少信息请求(RFI)或投标范围狭窄的项目。它可能使与项目咨询顾问的关系更容易或更令人满意。当企业管理层和员工开始理解BIM可以直接影响他们参与的项目带来的好处时，BIM就会产生共鸣。

第四节 BIM研究

“以他人的成功和经验为基础，并分享您的经验，以便他人在此基础上再接再厉。”

SOM高级数字设计经理Robert Yori

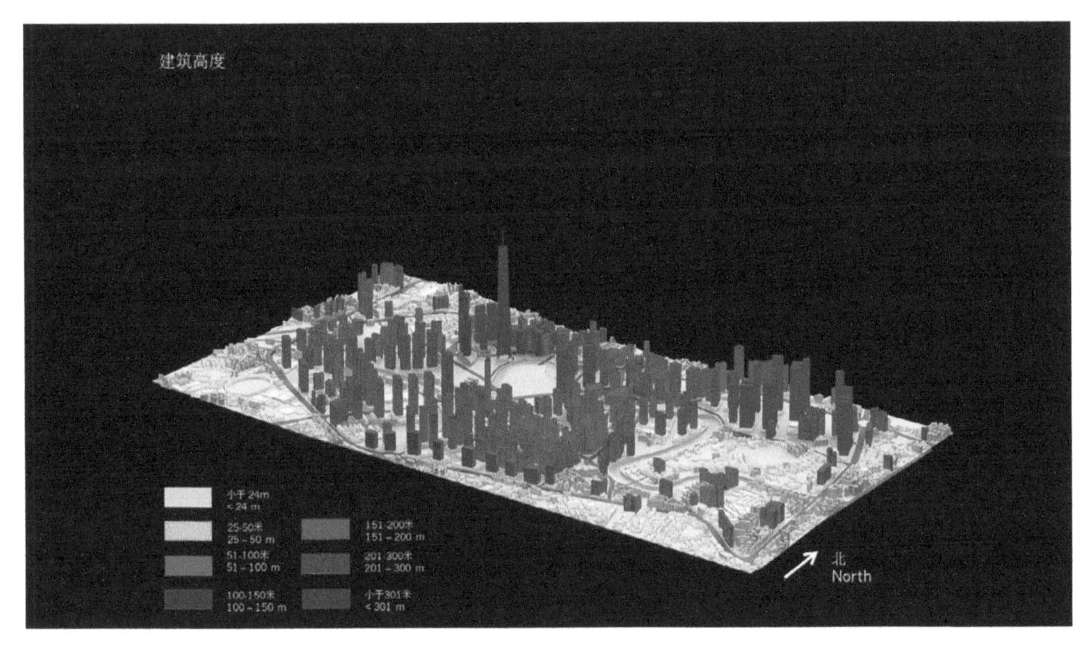

图6-6 城市信息模型

BIM在全球发展的方式中最引人注目的方面之一就是在实践中不断进行研发。人们通常会将与技术和工具开发相关的研究活动与学术或软件供应商特定的背景相关联。BIM经理不仅在技术方面，而且在流程和协作方面都是推动BIM前进的动力。前面讨论的各类会议、博客，都是推进有关BIM话语的关键部分，而在实践中进行的重点研究正在将其提升到一个新的水平。对于某些人来说，这仅是展示参与BIM的一小步，可以公开发表评论，也可以通过专门的研究与开发（R & D）扩大其范围。在那些与BIM相关的研究工作主要是技术性质的情况下，BIM经理和/或其IT同事通过编写有益于其特定工作流程的附加脚本和功能来寻求扩展其工具的“现成”功能。BIM的研发可能涉及开发简单的附加组件，并通过使用BIM设计工具的应用程序编程接口(API)来促进主要附加组件的使用。在许多情况下，构思良好的插件为建模人员提供了更多选择，以使内部项目更快、更好地完成工作。在一些情况下，初创公司通过瞄准现成软件无法提供的特定BIM目标/任务来发展业务。有些可能会不断寻找用户所需的而现有软件解决方案并未提供的功能。其他初创公司可能会创建自己的业务，以希望被更大的软件销售商“收购”，随后软件销售商会将其解决方案合并到扩展其工具的标准功能中。

推动研究成果商业化的BIM经理最好三思而后行。他们不仅冒着逃避支持组织核心业务(这不太可能是软件开发)的风险，而且还需要衡量由BIM研究产生的产品或服务的所需付出的额外努力。关键差别在于要确保产品的耐用性，通常需要耗时的调试来促成。此外，他们需要考虑向购买工具的人提供支持并定期更新。

对于将要进行的任何研究，建议BIM经理考虑其开发产品的关键卖点，而不仅仅是促进办公室内部工作流程的简单实用性。在研究有自负盈亏的压力的情况下，产出必须是某种可以作为向客户“增值”销售的东西。在许多情况下，这可能与他们参与项目的虚拟方式有关——通过设计结果的可视化查询，或者通过与业务规划和验证交互的数据源。

较大的BIM软件开发商通常依赖一组核心用户来帮助推进他们的产品。这种推进可以以不同的方式发生。能够证明其公司在测试和改进BIM软件方面具有相当经验的BIM经理可能会要求作为Beta测试人员。Beta测试人员通常会在专门的小组中交替更新，例如Autodesk开发人员网络(AND)或Bentley的“Betas”委员会。通常，要访问此类团体，要求成员通过严格的申请程序并签署保密协议。在某些情况下，获得会员资格可能要付一定的会费。

如何提高公司的BIM能力?

Rob Jackson：在英国，需要了解的最重要的是已经开发的标准和协议，以及我们使用的技术。然而，我也学会挑战我所读和听到的每一件事，并找出与我们相关的东西。这包括围绕政府授权的信息以及我在出席演讲时遇到的与BIM相关的信息。

Paul Nunn：跟上世界各地的各种BIM方案是公司BIM能力的关键。现在有许多国家、州以及许多不同的公司，要求他们的许多BIM方法都可以在网上公开使用。其中每一个方法都可能有一个重要的新观点，可能适合您的内部方案。

Ronan Collins：此话题应结合国家建筑行业中集建筑、建造和运维为一体的基本弱点之一加以考虑。一些公司不会把时间、精力或金钱投资在研究上，而是投资在某些“创意”或员工的发展上。

Robert Yori：随时留意技巧和技术。确保融入到公司中。关注学术界正在发生的事情，以及应届毕业生给您的公司带来的能力。如果您认为有更好的方法去做某事，那就试试吧。

第五节　主动出击引起注意

“在活动或更正式的会议上与个人会面使我得以解释我们的做法。这不仅向他们展示了我们的工作，还获得了他们的反馈和改进建议。这种反馈也来自进行演讲。”

Bond Bryan Architects副总监Rob Jackson

在本章中，前面部分讨论了BIM博客和社交媒体的相关性，这些博客和社交媒体将世界各地的BIM专家与其同行联系在一起。本节专门研究面对面会议以及出席活动如何与BIM经理的在线形象相辅相成，无论是通过本地用户组还是通过BIM技术/策略/管理大会。亲自在BIM圈子中建立人际网络提供了双重机会：会见他人并向他们学习，同时还向他人展示为增加BIM话语权所做的努力。

一、会见地方人士——BIM用户群等

对BIM经理而言，在线交流是帮助他们提升技能的非常受欢迎的信息来源，但与他人会面仍然是提高自身技能、与他人分享观点和扩大自己的社交网络的一个重要组成部分。从由本地BIM爱好者组织的小型用户组会议到大型BIM公共论坛，会面的方式多种多样。

图 6-7 澳洲 MelBIM 的演讲者

传统上，CAD用户组主要出现在单个专业中，而BIM用户组则为其他专业的同事开辟了新的交流渠道。在与BIM相关的活动中，人们通常会发现大量的利益干系人。值得注意的是，随着有关项目管理和设施管理的专门BIM会议越来越频繁，高层管理人员也纷纷开始出席BIM相关会议。理想情况下，这些事件会引起广泛的利益干系人团体的响应，他们聚集在一起讨论影响整个行业BIM进展的挑战和痛点。近年来，英国政府的BIM任务组做出了巨大努力，将行业利益干系人联系起来。任务组与其他专业和行业组织合作，如建筑研究机构（BRE）、英国皇家建筑师学会（RIBA）、皇家特许测量师学会（RICS）和国家建筑规范（NBS），共同开展BIM事件。在美国，本地用户组如纽约市Revit用户组（NYC-RUG），吸引了来自不同背景的专业人士，并就BIM与权威的专家进行辩论。在澳大利亚，服务于布里斯班地区的BrisBIM，通过吸引成百上千的游访客，开启了昆士兰州定期跨软件、跨学科BIM聚会的潮流。此后，在墨尔本（MelBIM）、悉尼（SydBIM）和整个西澳大利亚（BIMWest）也出现了这种情况。这些活动显然建立了一个由志同道合的人们组成的社区，他们聚集在一个轻松的社会环境中，在日常项目交付的压力之外讨论BIM。BIM论坛不仅吸引当地的BIM经理，还成为了一个平台，让人们更多地了解BIM技术和与BIM相关的战略规划、政策和业务驱动等如何影响他们的日常工作。通常，本地的BIM活动是由一群热心人士举办的，他们总是从潜在的演讲者那里寻找吸引人的建议。任何认为自己可以做出宝贵贡献的BIM经理都应提出演讲的请求。任何演讲者都必须在演讲开始时适当地介绍自己以及公司，但不必过于明显地宣传自己的公司。最好的宣传源于所呈现材料的质量以及应对某些挑战的方法（通常是与其他人合作）。

二、BIM大会

与常规的本地BIM用户组活动相比，BIM会议在规模和相关性上都有了提高。自从2005年以后BIM使用量增加以来，就出现了一些这样的活动（通常年度）。在某些情况下，它们是由软件开发人员组织的，目的是在更广泛的BIM和设计技术采用背景下提升其软件（不仅仅是BIM）的功能。此类活动的例子包括宾利的“BE Together”（现为Bentley Learning的一部分）、欧特克大学（AU）、Tekla大会，这里仅举几个例子。这些活动通常吸引成百上千的听众，演讲通常与软件供应商提供的软件更新及相关的工具制造相关，以及还包括来自世界各地的BIM专家提交的论文。这些活动通常还会进行BIM评奖工作，评审团将评估最前沿的项目工作，并颁发各种类别的最佳奖项。

图6-8 澳洲BIM-MEP论坛

除了这些总是包含“贸易展”元素的活动之外，BIM大会也会定期由行业机构和团体组织。关注的重点通常不在软件本身，而在于诸如BIM等技术对专业发展和整体实践的影响。在过去几年里，一种趋势已经开启，诸如“智能建造”之类的行业机构和集团，越来越多地推出跨学科的主题和演讲，而不仅仅是专注于BIM对某个单一专业的意义。正如在英国所看到的那样，一些行业机构联合举办BIM大会，将项目交付的不同方面整合到一个活动中，以此来吸引广大听众，从全生命周期BIM视角下给出可靠的见解。澳大利亚一个著名的例子是澳大利亚机械承包商协会(AMCA)推出的BIM-MEP论坛。这一年度活动成功地吸引了来自房地产、建筑、工程和建造的全球听众，聚焦使用BIM的各个利益干系人之间的信息传递。

近年来，另一种聚集势头强劲的聚会是BIM用户大会。与软件开发人员直接组织的活动相比，这些大会通常由与BIM用户社区紧密联系的独立组织举办。其中，Revit技术大会(RTC)自2005年成立以来取得了最大的成功。RTC概念始于澳大利亚，此后已扩展到北美、亚洲和欧洲区域。此类活动与众不同之处在于其较高的社团性质，通过讲座、课堂和动手实践环节提供点对点的技术支持。RTC的Wesley Benn解释了用户大会成功的背后原因如下：

“我们的工具和行业技术越来越先进，但也造成了一些意外的问题，即缺乏理解直达目标和特定重要成果的人际关系。大会将学习与重要的社交机会相结合以弥补此问题，提供一个将团队成员召集在一起以及在更大范围的社区中分享知识和观点的环境。”

RTC活动管理主席Wesley Benn

在早期，用户大会通常是高度特定于软件的，但现在它们正变得越来越包容，提高到了软件不可知论的程度。与软件商发起的活动相比，用户大会的编排较少，而且演讲者几乎完全是同行的BIM经理/专家，或者更宽泛地说，是设计技术专家。在RTC中，根据发言者提交摘要的质量和相关性来提出值得公开辩论的特定主题。因此，希望在本领域被公认为意见领袖的BIM经理应对值得讨论的主题保持警惕，并查明以前所提出的内容的不足之处。随着BIM扩展到与设计、工程、制造、建造和运维相关的更多领域，会议组织方通常会将演讲分为不同的领域。在RTC中，这些领域目前涉及：建筑、BIM、商业战略和领导能力、土木和基础设施、编码、内容和定制化、建造和制造、预算、通用(多学科)、MEP、运营和维护、模拟和分析、结构、可视化等。除了这些包罗万象的主题外，用户大会通常还会搜索最前沿的实验室会议，专家们会使用最新的软件(插件)

进行手工指导。用户会议的好处不仅在于活动本身，而且在于组织方通常在网上提供介绍材料，从而为BIM经理在会议本身之外提供宝贵的参考资源。如果资料结构良好，易于浏览/搜索，它将成为一个在线的“BIM最佳实践”资料库。

图6-9 Revit技术大会（RTC）

一些最成功的演讲来自不同专业背景的两位参与者之间的合作。解释BIM如何帮助克服专业界限，或者简单地解释如何改变参与模式，为听众提供关于其潜力的深刻见解。

任何在用户大会上演讲的人都应该能够与他们的听众产生共鸣。见多识广的用户群体通常不会对在项目中使用BIM所取得的成就的推销说辞印象深刻。相反，他们非常渴望得到一份诚实的报告，说明什么行得通和行不通（如果行不通，为什么）。优秀演讲的核心是，能够被参考到其他应用场景中的经验教训。

准备BIM演讲稿/会议报告

1）坚持一个您非常了解的特定主题。

2）检查该领域已经写过/讲过的内容——确保您的贡献填补了知识空白。

3）从提问题开始你的演讲：为什么……？

4）确保您的演示稿/会议报告中有叙述：问题、解决方案、实现途径。

5）推广自己/您的公司通过您的贡献质量而不是通过重复的广告。

6）避免仅介绍您参与的项目；而是专注于特定问题并表达他人可以从中受益的“经验教训”。

7）最后，说明您接下来要讨论的主题——亟待解决的BIM问题。

第六节 BIM让你的服务差异化

“BIM经理在提升公司的市场声誉中发挥他们的作用。他们发挥此作用的最好方式是让BIM融入到项目背景中，让设计师或建筑专业人士大放光彩。”

InteliBuild常务董事Ronan Collins

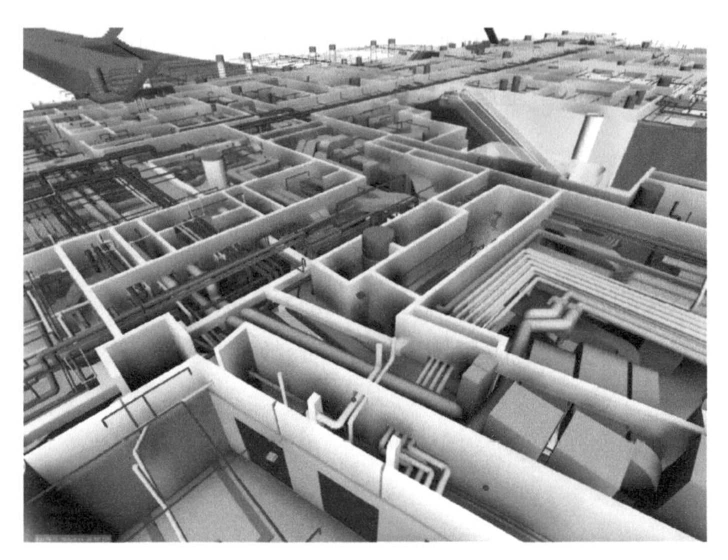

图 6-10　BIM 协同

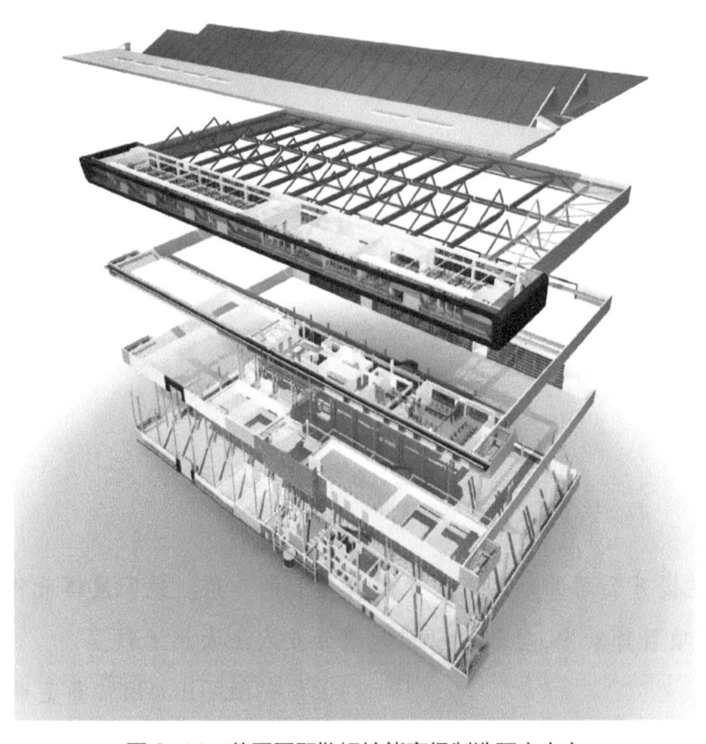

图 6-11　英国罗瑟勒姆核能高级制造研究中心

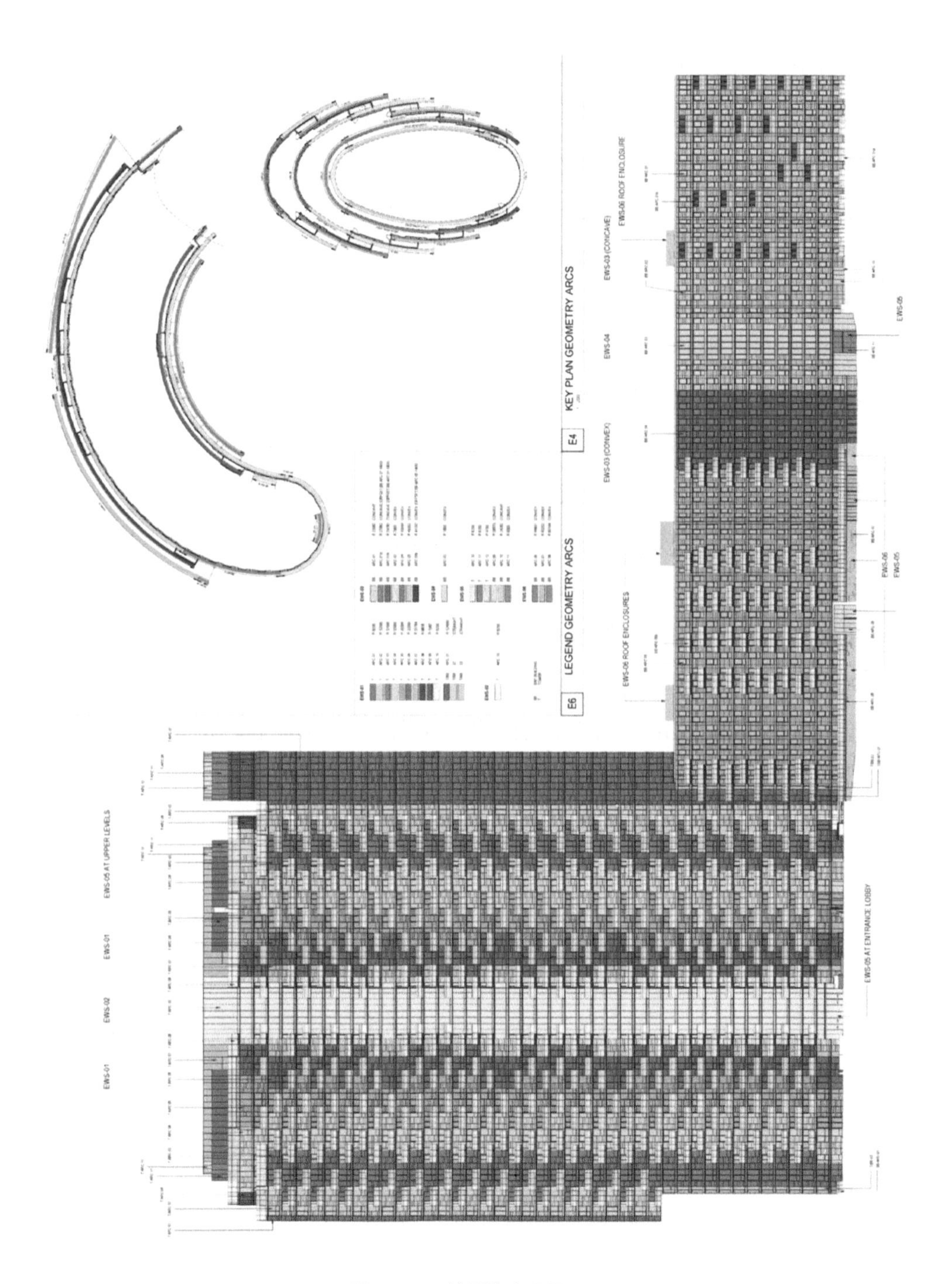
KEY PLAN GEOMETRY ARCS
E4
LEGEND GEOMETRY ARCS
E6
EWS-06 ROOF ENCLOSURE
EWS-03 (CONCAVE)
EWS-04
EWS-03 (CONVEX)
EWS-06 ROOF ENCLOSURES
EWS-05
EWS-06
EWS-05
EWS-05 AT UPPER LEVELS
EWS-01
EWS-02
EWS-01
EWS-05 AT ENTRANCE LOBBY

图 6-12 英国住宅项目

任何希望自己的公司在BIM方面脱颖而出的BIM经理都应吸取的一个重要的教训是：避免取得太多成就，而应该侧重支持一系列活动的BIM战略去实现卓越BIM。声称对BIM了如指掌并试图推销与BIM活动相关的各种服务的BIM经理很可能难以使他们的公司通过BIM对市场产生影响。通过将特定的BIM服务与任何公司的核心业务结合起来，并通过相关信息为客户提供增值服务，BIM经理可以将他们的公司放在版图里，以此在竞争中脱颖而出。

作为BIM经理，将你的公司和能力放在版图上通常与BIM工作的实际方面相关，例如交付高质量的文档和模型，并考虑下游他人的使用。那些促进项目无缝协调的BIM经理用成熟的BIM实施方案和相关的交付流程使各种贡献者协同工作。甲方以及构成协作流程一部分的其他利益干系人在市场上都高度认可这些品质。

虽然很多公司的BIM在行业中差异化越来越小，但BIM仍然是确保甲方满意并获得回头业务的关键途径。有时，要取得这样的成功，是因为提供了简单实用的服务。其中一些可能与开放沟通渠道、减少耗时和重复的任务、跨利益干系人之间的有用信息链接等有关。

无论一家公司通过BIM推广什么样的差异化业务，阐明自己的价值主张并确立自己在本地和其他市场的能力都至关重要。

BIM经理如何把公司推向成功？

Robert Yori：这不像以前那么容易了。几年前，一个人所要做的就是使用BIM。如今，成功在于找到在公司的业务目标中产生深刻共鸣的方法。我参与了AIA技术的建筑实践小组(TAP)，每年我们都会根据技术在一个项目中的使用情况来颁发奖项。这正是我们目前正在讨论的内容——既然我们每个人都在做BIM，那么我们的获奖标准是什么？是不是创造方法解决在实践中遇到的问题，而不是制造“完美的模型”？那么BIM如何帮助实现以前认为不可能的目标？

Rob Jackson：对我来说，这就是在过程中的特定领域，发展真正的专业知识。我们已经围绕开放的、数据丰富的工作流开发了我们的方法，但我看到其他建筑师关注可视化技术、环境集成、移动技术的使用以及BIM到FM工作流程。业务需求决定工作方法，否则就不是正确的方法。

Paul Nunn：我们明显的优势是：公司工作人员都具有强大的现场承包商背景，他们了解承包商需要什么。另一个促成因素是我们完全秉持开放的态度，改变和调整我们的流程以满足我们的客户的要求。再次，在BIM审计期间，我发现很多BIM经理都有一个标准执行计划(BEP)，并且反复执行。我们的内部软件开发团队也提供了帮助，因为我们非常专注于将模型与现有的2D软件(如Enova、Jira和各种FM软件)集成在一起。

Ronan Collins：BIM是更好的设计和更高效的建筑实践的有力推动者。一个精心策划和得到充分支持实施的BIM计划将使公司在行业中脱颖而出！

第七节　拥抱BIM全生命周期

“我们的方法是专注于整个BIM项目。”

PDC BIM总经理Paul Nunn

由于个体企业需要特别关注才能发挥出自己的专业知识并将其公司定位于市场，因此BIM经理还需要对信息移交流程有深入的了解。到目前为止，人们公认BIM不仅可以帮助设计、工程和建造，还可以管理资产的整个生命周期。帮助推动协调项目的BIM经理需要关注信息格式化以及在利益干系人之间的传递方式。过去，在这一过程中可以发现的一个弱点是设计和建造BIM之间的差距。如果这一问题得不到妥善解决，当前就要花更多的精力在BIM和FM之间的连接上，以满足业主/运营商的需求。

既然咨询顾问和承包商不能搞清楚如何协调他们制作的BIM成果，甲方考虑受益于“全生命周期BIM”的想法就会显得很天真。这些问题由于BIM在整个建筑领域逐步普及而变得越来越明显，那么BIM经理应该做些什么事情来解决那些问题呢？

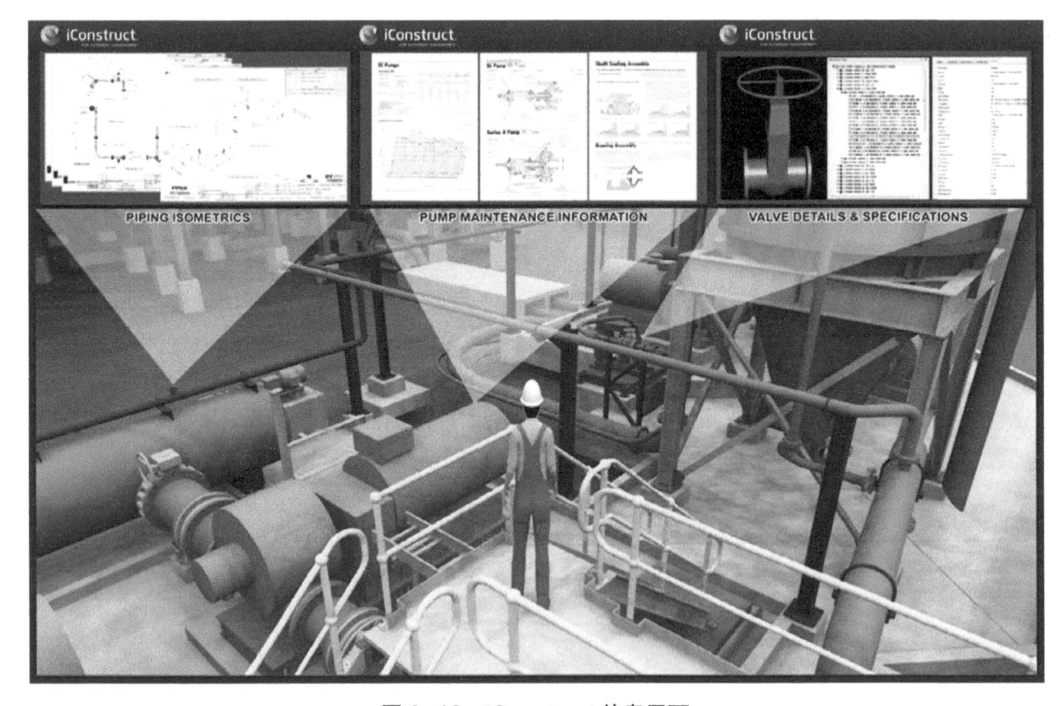

图 6-13　iConstruct 信息界面

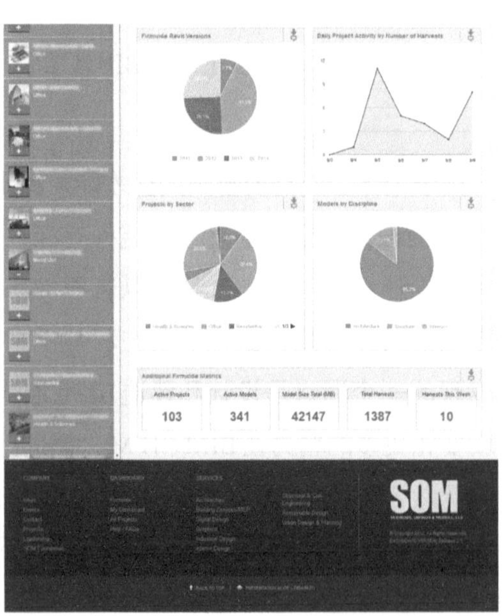

图 6-14　SOM BIM 控制盘首页

由于建筑行业似乎还在奋力让设计顾问移交高质量的信息给承包商，那么BIM设备管理的优化工作是白日梦吗？

Paul Nunn：这不是向FM提供BIM，而是交付FM就绪的模型。如果我们以承包商可以有效使用的格式来生成具有良好几何形状和数据的BEP，我们将拥有比FM系统进行传输或集成所需的更多功能。我们的方法是不提及FM，而只是说明我们需要什么。过去，包括我本人在内的太多BIM经理都将FM宣传为BIM的“全部”，并坚持认为除非客户预先选择FM系统并指定所需的所有数据，否则无法实现FM。实际上，我们已经发现这些都是垃圾。用于调试的良好模型数据太多，需要重新编辑以进行FM。大多数项目已经要求以各种格式收集调试数据，如果未指定COBie，则可以进行调整。

Rob Jackson：很多公司都在鼓吹从BIM到FM全流程的优点，不过有些公司做了让人信服的案例。另一方面，设计和施工专业人士会责备甲方缺乏从BIM到FM的需求。但我的观点是，设计和建造需要先按照次序把他们自己的工作做好，然后才能提供这些附加服务。对我而言，当前的重点应该放在打磨设计和建造流程上。

Ronan Collins：在短期内，这是一个有利可图的市场机会，一般只适用于拥有大量楼宇或物业的业主，并且他们对如何经营物业、设备运维系统，以及计划未来发展工作持有先进态度。BIM经理可以实现流程、技术、数据格式等，但在将其付诸行动之前，甲方或业主、建筑师、承包商和设施经理需要就如何设计、建设和运营项目保持一致。总体策略可能包括能源使用目标和预防性维护方法。在可预见的将来，BIM经理将专注于项目的设计和施工阶段。

第八节 根据地方指导方针和标准展开工作

“专注于开放标准的研发使我们在英国的一家中等规模的建筑实践中建立了理解工作流程的声誉。这允许我们在软件活动中有发言权，我们就可以倡导与所有模型作者和开放数据用户都息息相关的开放工作流程，而不是仅仅关注自己的设计工具。”

Bond Bryan 建筑师 Rob Jackson

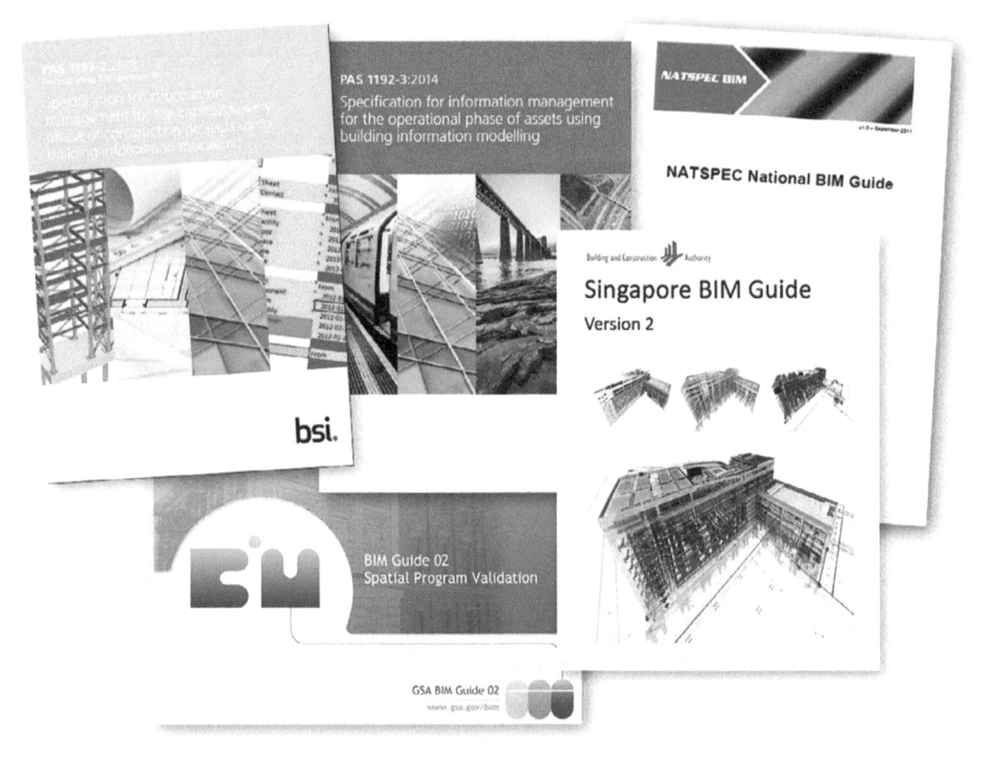

图6-15 国际BIM指导原则案例

与BIM经理的专业知识相关的要素是他或她对本地BIM政策的深入了解。在BIM出现之初，对流程和技术的了解是他们的主要关注点，而全球BIM经理越来越需要融入地方以及国家标准、指南和其他政策。除了由政府颁布的总体框架之外，BIM经理现在也越来越面临行业机构或其他协会的指导方针。一些标准是根据行业内用户团体的工作出现的，其他的则基于开放式的协作出现，例如buildingSmart发起的IFC OpenBIM方案。所有这些努力的共同之处在于，它们对任何组织如何构造其BIM工作具有重大影响。在某些情况下，BIM指南仅提供有关如何简化BIM工作的建议，而在其他情况下，它们提出了简洁(甚至通常具有法律约束力)的运营框架。

对于前者，BIM经理可以借鉴这些标准，以告知其战略并使其与公司内的运营流程保持一致。对于后者，BIM经理需要充分了解这些有约束力的标准对他们所涉及的任何项目的结构化工作流程和信息移交方式的所有影响。因此，BIM经理应谨慎地解释标准并制订一种使需求与一系列业务和BIM管理流程保持一致的策略，包括培训、文档和模型设置、BIM执行计划的定义以及其他更多内容。在某些情况下，国家制定了指导方针和政策以在其本地建筑市场内实现根本性改变。结果是它们极大地影响了公司的BIM策略。BIM经理需要密切监视对这些政策的任何更新/更改，否则，他们可能会错过影响其公司业务的发展机会。这样的案例之一是英国的公共可用规范PAS 1192及其各种组成部分。这些规范可能会编入英国国家标准，并且是制定国际标准（ISO 19650：有关建筑工程的信息组织和使用建筑信息模型的信息管理）的核心关键参考。

无论与PAS 1192相关的任何规范是否适用于其本地市场，BIM经理在结构化内部和跨项目的信息时都可以从其内容中受益。擅长其工作的BIM经理不仅熟悉这些标准，而且真正了解其关键概念并将其用于项目的BIM建立和管理。

全球BIM专家如何建议将本地和国际政策及准则纳入日常BIM支持中？

Rob Jackson：对于我们在英国的人来说，这是一个简单的问题。英国大部分地区都集中在新兴的“Level 2 BIM”标准、协议和流程上。其中包括PAS 1192-2：2013；PAS 1192-3：2014；BS 1192-4：2014；PAS 1192-5：2015；CIC BIM协议；政府软着陆、分类和数字化工作计划（dPOW）。当然，这是建立在“Level 1 BIM”标准上的，例如BS 1192：2007。

在2016年之后，我们将开始看到更多支持“Level 3 BIM”的标准、协议和流程的出现，如数字化建造英国（DBB）。

我们的整体方法和标准完全吻合，实施在文档、模板、培训和检查过程中。为解决问题，我们还为正在进行的项目中的咨询顾问、甲方和承包商提供支持。通过这种协作，我们可以解决项目中的问题，还可以学习和理解如何调整方法。此外，任何软件问题都将立即反馈给适当的供应商以进行解决。作为实践，我们还集中精力开发围绕开放标准[包括ISO 16739:2013（IFC）和COBie]的方法。我们也致力于将BCF（BIM协作格式）整合到我们的流程中。我们认为，从长远来看，开放国际标准是势在必行的，但我们也在日常项目中每天使用这些标准。

Paul Nunn：哦，要是在英国生活和工作就好了！我们目前在澳大利亚开展工作，并且每个州都有一套不同的州BIM要求或指南，而在某些地区，对每个部门都有不同的要求。通常，我们的方法是尽可能推广英国协议，但也会借鉴其他国家执行BIM的经验。说来说去，还是要有丰富的行业经验才会有信心修正流程，获得利益。

Ronan Collins：尽管英国目前正以战略性的方式推动BIM，但许多国家甚至州内的机构都不了解使用BIM的意义，甚至不了解如何开始使用BIM。结果，存在各种各样的标准、规范、指南、合同等。幸运的是，他们都遵守一些在公司或项目中应用BIM的基本原则。毕竟，全球技术公司已在全球范围内开发了BIM，并且建筑物通常均由木材、混凝土、钢、玻璃和铝组装而成。因此，还是有许多常见的基本良好实践原则。BIM经理的出发点是制订BIM执行计划，并且必须明确说明BIM目标或用途、要生产的可交付成果、所需的人员配备、要使用的技术，然后涵盖诸如发展水平、坐标、单位等。BIM PXP显然将进行本地化，但可以使用英国PAS 1192、GSA、中国的或其他国际公认的标准。在没有BIM执行计划、甲方规范甚至适用的国家标准的情况下，BIM经理将难以实施程序和流程来有效地控制设计或施工团队。遵循哪个标准都无关紧要，关键的问题是制订一个强有力的计划。

第九节　勇往直前（弯道超车）

“BIM管理市场正变得相当拥挤，几乎每一个建筑师和工程师现在都声称是BIM经理。在某些情况下，如果进行设计咨询，还将免费提供BIM管理。因此，我们的工作重点是在整个过程中进一步开展工作：与项目FM经理和FM软件公司合作，帮助他们将BIM整合到软件中，并提升自己作为未来FM经理的技能。”

PDC BIM总经理Paul Nunn

关于BIM经理未来角色的任何讨论都必须从行业当前状况的不足之处入手。尽管有明显的发展空间，但追赶以前的BIM发展也具有同等的空间，以使BIM在整个建筑生命周期中的采用更加平衡。

图 6-16 诺丁汉大学高级制造大楼

指向未来的发展是显而易见的：BIM将继续变得更广泛和包容。因此，支持它的流程和标准需要考虑越来越多的利益干系人群体及其特殊利益。对于BIM经理来说，这意味着两件事：第一，BIM管理需要打破主要针对特定行业的隔离，并变得更具包容性和开放性。第二(基于第一点)，BIM管理将要求介入人员专注于众多利益干系人之间的信息传递和数据管理。随着各行各业信息与建筑环境中的设计、建造和运营之间日益深入的整合，BIM将促进交互点。

BIM经理可以将自己从全局中移开，只关注内部建模过程，或者考虑他们作为未来信息经理和数据工程师的角色来应对这些挑战。到目前为止，前者是更简单的解决方案，而后者将要求他们扩展技能并了解在我们的社会中连接科技与设计的首要驱动力。那些走捷径的人可能会在未来几年还能保持与行业的相关性。而那些敢于接受变革的人可能会在未来证明自己的角色，同时也成为这之后BIM的一部分。

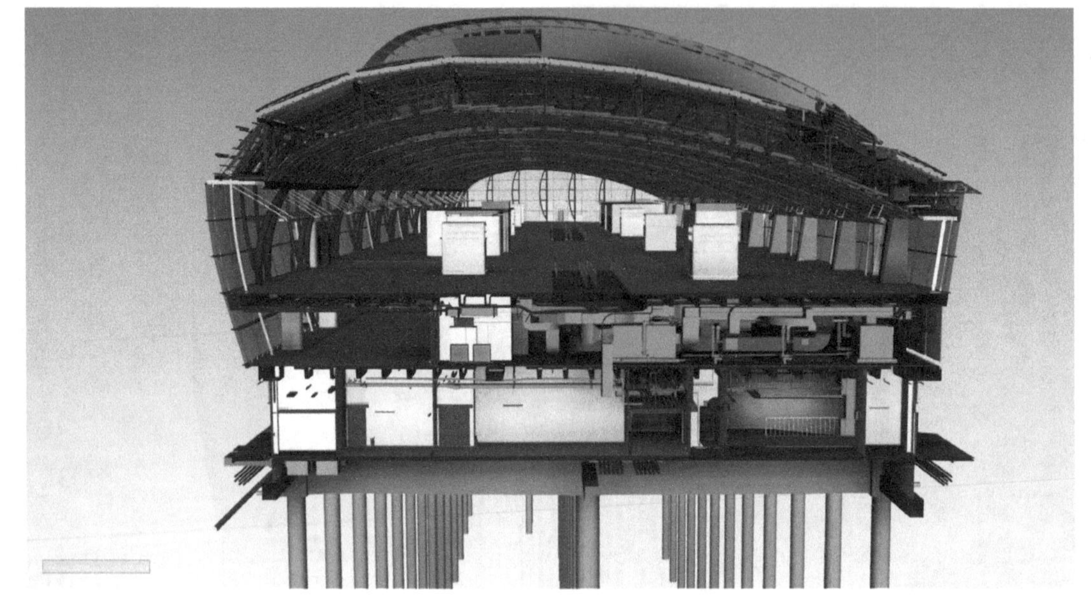

图 6-17　机场航站楼剖面图

展望BIM未来

Rob Jackson：谈到未来，我有点愤世嫉俗。在英国，我们只有四年时间来理解和采用新的工作流程。距英国政府集中采购项目正式要求“Level 2 BIM”还不到12个月。该技术仍不能完全支持这些新标准和流程（尽管供应商声称有此要求），因此需要首先赶上。在继续努力之前，我们必须首先使整个行业的BIM达到一定水平。

当然，有些人需要有未来的目光并制定新的标准。对此，我表示完全支持。但是，要使整个行业采用BIM，仍有许多工作要做。

也就是说，对我而言，未来是开放的工作流程。我对此深信不疑，满怀热情。如果没有它，我们只是把解决问题的方式从基于人力推进到基于软件。这些开放的工作流程需要由客户驱动。令人遗憾的是，目前许多人只专注于自己的工具，不会思考未来如何使用数据实现其他目的。

Paul Nunn：我认为这需要维护您的知识并参加行业论坛等。我们与两所不同的大学和一所TAFE学院紧密合作，参与有关未来BIM的讨论，并帮助他们开发短期和长期BIM课程并将BIM纳入到其现有课程。我们还参加了尽可能多的行业BIM论坛和协会，以了解行业的需求。

Ronan Collins：我们每个人都在一个保守的行业中工作，有着长期的运营时间、非常传统的角色和合同形式。甲方拥有预算，建筑师和工程师通过降低费用来竞争工作，承包商则通过考虑风险为工作定价。除非且直到我们找到规划、设计、建造和运营建筑物的协作形式，否则这些采购体系将继续占上风。在这种环境中固有的是不同学科的孤岛，避免责备的防御文化以及大量的失败工作。BIM可以解决一些挑战，但这只是解决方案的组成部分。许多其他因素也需要改变。

Robert Yori：BIM远远超出了某种特定工具或一组工具的技能水平。它的核心是关于信息驱动的项目思考方式。有鉴于此，我们已经看到了下一步：计算驱动设计，设计密集型分析以及缩小设计制造差距。该行业的范围非常广泛，但如果将其与汽车行业进行比较，我们会发现尚有很大的空间可以拓展。定制房车制造商，法拉利、宝马、福特和丰田都使用技术，但是它们做的方式彼此不同，因为它们服务于不同的市场和客户需求。技术被用在有用的地方，而不是妨碍业务。我在数字化成熟的AECO世界中也看到了同样的情况。

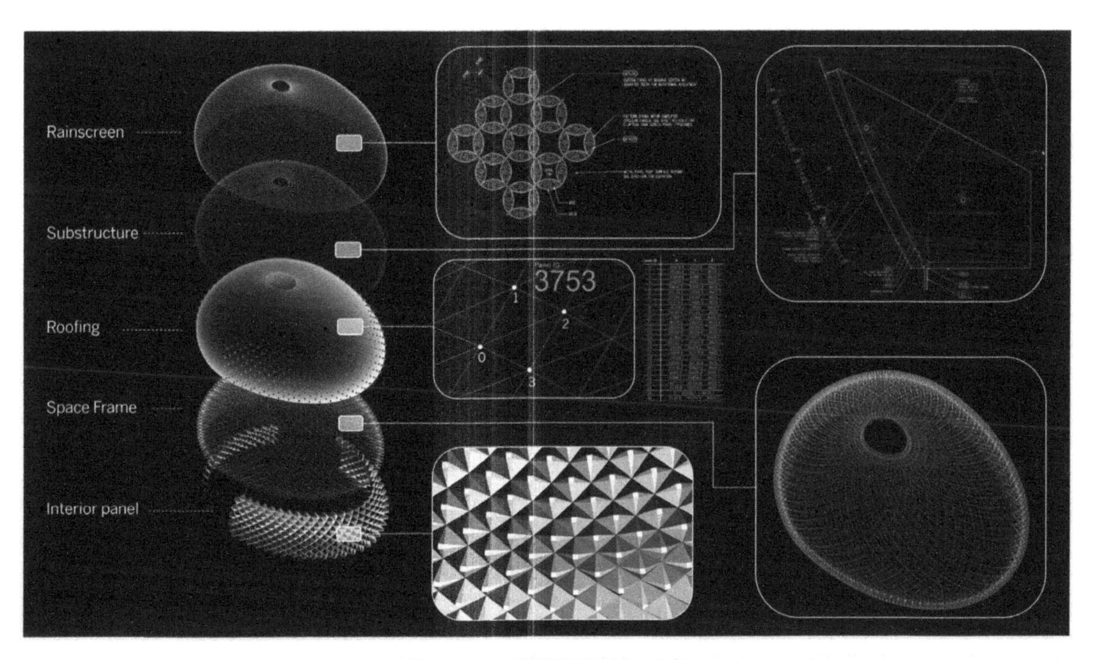

图6-18 清真寺壳面加工图

后 记

对于那些处理项目设计和交付的技术和过程方面的人来说，这是激动人心的时刻。他们不得不越来越多地面临思维的转变，建筑项目的生命周期成为计划和交付的核心部分。当应用BIM时，了解和管理供应链中从设计、工程、制造、建造到已建资产运营的信息流的必要性变得显而易见。除了认识到这些以前常常脱节的过程的相互联系之外，还有机会将BIM扩大到地区、城市或区域一级，产生参考更广泛的地理环境的信息模型。正是数字可解释数据的智能以及与BIM相关的数据的最终价值将推动其在未来继续被采用。

BIM经理是交付项目和推进与BIM有关的讨论的核心。在各种行业的技术推动下，他们对创新和流程变更具有至关重要的权利。同样，他们也是BIM准则、政策和标准的解释者，这些准则、政策和标准在更广泛的层面上影响到如何在项目上交付BIM。最重要的是，BIM经理通常充当公司内部和整个项目团队中的信息管道。他们支持和赋能那些缺乏技术导向的人，或者只是偏好关注在不同情况下活动的人。这样做时，BIM经理经常在技术上可行和实际可行之间取得平衡。在某些情况下，这也要求BIM经理后退一步，承认自己专业知识的不足并需要其他人的知识来进行补充。建筑作为一个过程已经变得多元化和复杂化，无人能在大中型项目上“无所不知”。但是，仍然重要的是要了解信息的流动方式以及什么样的信息与在建设项目上进行协作的各个利益干系人有关。

BIM将作为一个热门话题持续至少十年，这取决于各地的差异和吸收水平。在此期间和之后，BIM很可能会融入大量与设计、工程、项目管理和交付相关的活动。影响正在进行的资产和设施管理的BIM的各个方面将通过可行性研究和通过自然选择的项目简介，将自己确定为项目可交付成果。如果甲方意识到要求特定服务的好处，他们就会这样做，并且他们将越来越擅长阐明他们对BIM的确切期望。

目前，BIM经理仍然依靠供应链在逐个项目的基础上告知其交付成果。当前的发展显示出一种趋势，越来越多的发达经济体的当局将BIM规定为政府资助项目的常见项目交付方法的一部分。BIM框架在一些斯堪的纳维亚地区（例如挪威的Statsbygg）已经到位，英国当局要求所有公共工程实现BIM Level 2，新加坡建筑管理学院（BCA）已经强制执行电子信息提交作为注册审批。这些仅是不断增加的列表中的几个例子。

暂不提更大的战略蓝图，BIM经理尚有很多要做和要学习的。首先，他们需要更好地判断如何使他们的角色和产出与他们公司的核心业务相一致。这是一个关键步骤，促使其从仅仅是技术使用的促进者成为一个公司的领导和推动团队进步的关键成员。BIM经理在阐述简洁的业务案例时，通常会遇到累积的需求。他们向领导层清楚、简洁地传达使BIM发挥作用所需的能力是他们发展的第二个关键步骤。然后是与流程变革相关的活动，建立后台协议，授权与BIM相关的工作，以及促进有关技术吸收和传播的生动讨论。所有这些部分的表现都不同，取决于个人的经验水平和能力，以及他们所处的直接职业环境。他们工作得越好，他们就越有可能设法“超越自己”，这将是任何BIM经理都应该追求的最终成就。